PROBLEMAS RESUELTOS

DE

PROGRAMACIÓN LINEAL

Federico Garriga Garzón

Problemas resueltos de programación lineal

1a Edición: ©2012 OmniaScience (Omnia Publisher SL)

© Federico Garriga Garzón, 2012

DOI: http://dx.doi.org/10.3926.oss.7

ISBN impreso: 978-84-940624-0-7

ISBN digital: 978-84-940624-2-1

DL: B-30437-2012

Diseño cubierta: OmniaScience

Fotografía cubierta: © pixel_dreams - Fotolia.com

Impreso por Createspace

Presentación

El presente libro de problemas resueltos de programación lineal no pretende ser una aportación científica al campo de la programación lineal, sus fines son mucho más modestos, dado que todos los conceptos que en él se incorporan están recogidos en numerosas publicaciones. Su finalidad es eminentemente didáctica, y únicamente por razones pedagógicas se justifica la presente publicación.

Ha sido planificado para su utilización por personas con conocimientos de programación lineal, primordialmente para facilitar el aprendizaje de los conceptos y procedimientos de formulación y resolución de modelos de programación lineal de los estudiantes de dicha materia en las diversas Facultades y Escuelas Técnicas en las que se imparte.

El libro tiene una estructura distinta de la convencional en cuanto al orden se refiere, a diferencia de textos en los que los ejercicios se hallan agrupados por temas, o textos en los que el grado de dificultad de los ejercicios va aumentando a medida que el lector avanza en su estudio, en este caso el autor no ha ordenado los ejercicios por temas ni por nivel de dificultad, sino que ha tratado de compatibilizar ejercicios sencillos con ejercicios complejos con la finalidad de hacer más ameno el trabajo al estudiante incrementando así su interés por el estudio de la programación lineal. Por lo que respecta al contenido, los ejercicios que conforman el libro abarcan la mayoría de temas ligados a la programación lineal: formulación de modelos, resolución gráfica, simplex tabular, simplex revisado, dualidad, simplex dual, método de las dos fases, forma producto de la inversa, análisis de la sensibilidad y, simplex con cotas, siendo el enfoque aportado marcadamente práctico.

La publicación no es únicamente un libro de ejercicios resueltos de programación lineal para estudiantes, sino una fuente de información e incluso en cierto modo puede hablarse de una metodología para la resolución de dichos ejercicios, de interés tanto para estudiantes como para profesionales que en su trabajo lleven a cabo actividades de optimización tanto en el ámbito de la empresa privada como en las administraciones públicas.

Capítulo 1

Enunciado de los problemas

Ejercicio 1

La tabla del simplex que se muestra a continuación es óptima (problema de maximización y todas las restricciones ≤):

	Z	X_1	X_2	X_3	S_1	S_2	S_3	
Z	1	0	0	0	10	0	90	5300
X_2	0	1	1	0	1	0	- 1	30
S_2	0	1	0	0	0	1	- 1	10
X_3	0	- 1	0	1	- 1	0	2	20

Las variables S_1, S_2 y S_3 son variables de holgura.

Se pide:

1. Indique la solución óptima del primal y del dual sin realizar ningún cálculo.

2. Evalúe la derivada parcial de z respecto a b_1. Interprete dicho número.

3. Determine la derivada parcial de X_2 respecto S_3. Interprete dicho valor.

4. Indique si compraría una unidad adicional del primer recurso por un coste de 3 euros, ¿Por qué?

5. Una empresa desea comprarle una unidad del tercer recurso. ¿Cuánto vale para usted una unidad del tercer recurso? ¿Por qué?

6. Indique si existen soluciones óptimas alternativas. Si existen dé una, en caso contrario explique porqué no.

7. Interprete económicamente por qué la variable X_1 no está en la base.

8. Suponga que desea que X_1 sea igual a la unidad, ¿a costa de que conseguiría que $X_1 = 1$?

9. Indique que recursos son libres y cuales son escasos.

10. Comprobar que el precio de los bienes libres es nulo, y el de los escasos es mayor que cero.

Solución en página 23

Ejercicio 2

Una empresa elabora tres tipos de bebidas utilizando zumo de piña y zumo de melocotón. El dueño de la empresa ha comprado 1.500 litros de zumo de piña y 2.000 de zumo de melocotón. Los litros de zumo requeridos en la fabricación de cada bebida vienen dados en la tabla siguiente.

	Bebida 1	Bebida 2	Bebida 3
Zumo de piña	6	3	3
Zumo de melocotón	2	3	4

El precio de venta de cada bebida es 15 euros el litro. El coste del zumo de piña es de 1 euro el litro y 2 euros el litro de zumo de melocotón. Se conoce que la demanda de bebidas asciende a 400 litros.

La solución óptima del programa lineal que cumpliendo con las restricciones maximiza el beneficio de la empresa, viene dada en la tabla siguiente.

	Z	X_1	X_2	X_3	S_1	S_2	E_1	A_1	
Z	1	7	0	2	2	0	0	1	3000
E_1	0	1	0	0	0,33	0	1	-1	100
S_2	0	-4	0	1	-1	1	0	0	500
X_2	0	2	1	1	0,33	0	0	0	500

Se pide:

1. El plan de trabajo si en lugar de disponer de 1.500 litros de zumo de piña dispusiera únicamente de 1.200. ¿Qué tipo de solución se obtiene?

2. Formule el problema dual, halle su solución e indique como afecta el cambio del apartado anterior.

3. Indique como se vería afectado el plan de trabajo si el contrato con los proveedores de zumo obligara a utilizar los 1.500 litros de zumo de piña.

4. Determine a partir de que precio resulta interesante fabricar la Bebida 1.

5. Establezca a partir de que precio resulta interesante fabricar la Bebida 3.

6. Concrete a partir de que precio no resulta interesante fabricar 500 litros de la Bebida 2.

Solución en página 27

Ejercicio 3

Explique como puede usar la fase I del método simplex para resolver un sistema de n ecuaciones lineales simultáneas con m incógnitas.

Justifique como puede detectar los casos siguientes:

1. Inconsistencia del sistema de ecuaciones.

2. Redundancia de las ecuaciones.

3. Solución única.

4. Razone como puede encontrar en el apartado anterior la matriz inversa del sistema de ecuaciones. Ilústrelo resolviendo el siguiente sistema:

$$5\,X_1 + 2\,X_2 + 1\,X_3 = 800$$

$$1\,X_1 + 2\,X_2 + 4\,X_3 = 900$$

$$1\,X_1 + 1\,X_2 + 1\,X_3 = 350$$

Solución en página 33

Ejercicio 4

Una empresa está estudiando llevar a cabo una campaña publicitaria, para ello dispone de 1.000.000 de euros. Puede difundir sus anuncios en dos canales publicitarios distintos, el primero de ellos cobra 15.000 euros cada vez que emite un anuncio, mientras que el segundo cobra el doble. La probabilidad de que un anuncio del primer canal sea visto es del 30 %, mientras que del segundo es del 70 %. Como mínimo deben emitirse 26 anuncios en el primer canal y 13 en el segundo.

Se pide:

1. Determine el número de anuncios que debe lanzar en cada canal de manera que maximice la probabilidad de que se vea el anuncio de la empresa, teniendo en cuenta la restricción presupuestaria y las del número de anuncios.

2. Halle la solución que se obtiene si elimina la segunda restricción.

3. ¿Y si elimina la tercera restricción?

4. Si la empresa dispusiese de más dinero para invertir, ¿lo invertiría en la primera o en la segunda cadena de televisión? ¿Por qué?

5.- ¿A partir de qué coste resulta interesante difundir anuncios en una tercera cadena que proporcione el 50 % de probabilidad de que un telespectador vea el anuncio?

6.- ¿Qué solución obtendría si el primer canal duplicara el coste de los anuncios?

Solución en página 37

Ejercicio 5

Una refinería puede comprar petróleo crudo ligero y petróleo crudo pesado. El coste por barril de estos tipos de petróleo es de 11 y 9 euros, respectivamente. De cada tipo de petróleo se producen por barril las siguientes cantidades de gasolina, keroseno y combustible para reactores.

	Gasolina	Keroseno	Combustible
Petróleo crudo ligero	0,40	0,20	0,35
Petróleo crudo pesado	0,32	0,40	0,20

En el proceso de refinamiento se pierde el 5 % y el 8 % del crudo, respectivamente. La refinería tiene un contrato para entregar un millón de barriles de gasolina, cuatrocientos mil barriles de keroseno, y doscientos cincuenta mil barriles de combustible para reactores. Determine el número de barriles de cada tipo de petróleo crudo que satisfacen la demanda y minimizan el coste.

Solución en página 43

Ejercicio 6

Resuelva el siguiente problema mediante el simplex tabular:

$$\text{Min}\left\{-2\,X_1 - 4\,X_2\right\}$$

$$2\,X_1 + 3\,X_2 \leq 7$$

$$8\,X_2 \leq 4$$

$$X_1 \geq 0 \qquad X_2 \geq 0$$

Solución en página 47

Ejercicio 7

Resuelva el siguiente problema mediante el simplex tabular:

$$\text{Max}\left\{2\,X_1 + 5\,X_2\right\}$$

$$2\,X_1 - 4\,X_2 \leq 8$$

$$-3\,X_1 + 8\,X_2 \leq 11$$

$$X_1 \geq 0 \qquad X_2 \geq 0$$

Solución en página 51

Ejercicio 8

Resuelva el siguiente problema mediante el simplex tabular:

$$\text{Max}\left\{5\,X_1 - 7\,X_2\right\}$$

$$10\,X_1 + 3\,X_2 \leq 3$$

$$6\,X_1 - 2\,X_2 \leq 2$$

$$X_1 \geq 0 \qquad X_2 \geq 0$$

Solución en página 55

Ejercicio 9

Tres productos son fabricados en una máquina. El tiempo de preparación de cada producto es de 2, 3 y 4 minutos respectivamente, y el tiempo de proceso de 3, 2 y 1 minutos. El beneficio aportado por cada producto es respectivamente de 12, 10 y 15 euros. Se dispone de 100 minutos de máquina y 200 para la preparación de la misma. Determine el número óptimo de unidades a fabricar de cada artículo.

Solución en página 57

Ejercicio 10

La siguiente tabla muestra la solución óptima de un problema de programación lineal, donde S_1 y S_2 son las variables de holgura de la primera y segunda restricciones del problema original.

	Z	X_1	X_2	X_3	S_1	S_2	
Z	1	0	3,5	0	3,3	1,8	840
X_3	0	0	0,5	1	0,3	- 0,2	40
X_1	0	1	0,5	0	- 0,1	0,4	20

1. Escriba el problema original

2. Formule el dual del problema original.

3. Halle la solución óptima del problema dual usando la tabla anterior.

Solución en página 59

Ejercicio 11

Resolver el siguiente programa lineal utilizando la técnica del simplex en su forma producto de la inversa, es decir, llevando la inversa de la base en cada iteración en forma de producto de matrices elementales:

$$\text{Min}\left\{- 2\,X_1 - 3\,X_2\right\}$$

$$3\,X_1 + 2\,X_2 \le 7$$

$$- 2\,X_1 + 2\,X_2 \le 2$$

$$X_1, X_2 \ge 0$$

Solución en página 61

Ejercicio 12

Un fabricante de bebidas refrescantes está interesado en mezclar tres de sus actuales marcas de fábrica (marca 1, marca 2, marca 3) para obtener tres nuevos productos de alta calidad (Producto 1, Producto 2 y Producto 3), que desea vender al precio de 4, 3 y 2 euros por botella, respectivamente.

Sólo puede importar 2.000 botellas de la marca 1, 4.000 de la marca 2 y 1.000 de la marca 3, siendo el precio que debe pagar de 3, 2 y 1 euro por cada tipo de botella.

El fabricante requiere que el Producto 1 contenga como mínimo el 80% de la marca 1 y como máximo el 20% de la marca 3. El producto 2 deberá contener como mínimo el 20% de la marca 1 y no más del 80% de la marca 3. El producto 3 no podrá contener más del 70% de la marca 3.

Formule el modelo que permitirá al fabricante hallar las mezclas que le producirán el máximo beneficio.

Solución en página 65

Ejercicio 13

Un granjero tiene 600 acres de terreno y desea determinar el número de acres que asignará a cada una de las tres cosechas siguientes: tomates, pimientos y espinacas. Los días hombre, el coste de preparación y la ganancia por acre de cada una de las cosechas se muestran en la tabla siguiente:

Cosecha	Días hombre	Coste preparación	Beneficio
Tomates	5	12	6
Pimientos	8	18	12
Espinacas	13	14	10

Suponga que el número de días hombre disponibles es de 4.000, y que el granjero tiene 6.000 euros para preparación.

1. Determine si conviene contratar ayuda adicional a 6 euros por hora. Suponga una jornada laboral de 8 horas.

2. Suponga que el granjero tiene un contrato para entregar al menos el equivalente a 200 acres de tomate, use análisis de la sensibilidad para encontrar la nueva solución óptima.

Solución en página 67

Ejercicio 14

Una empresa ensambla un producto que consta de tres piezas denominadas AA, BB, y CC. Las piezas AA y BB las fabrica la propia empresa, mientras que las piezas CC las compra a otro fabricante. Los tiempos de proceso, en horas, requeridos por cada pieza en cada uno de los procesos vienen dados en la tabla siguiente:

	Proceso 1	Proceso 2	Proceso 3	Proceso 4	Proceso 5
AA	1	0,5	0,5		
BB	1,5		0,5	0,5	0,5

La empresa dispone de 20 máquinas que pueden realizar el proceso 1, 5 el proceso 2, 10 el proceso 3, 5 el proceso 4 y 5 el proceso 5. Cada máquina trabaja un máximo de cinco días cada semana a razón de cincuenta semanas al año, en jornadas laborables de 8 horas diarias. Determine el número máximo de conjuntos ensamblados que puede producir.

Solución en página 71

Ejercicio 15

Se desea planificar la producción de dos productos XA y ZA. La demanda prevista para los próximos meses viene dada en la tabla siguiente:

	Enero	Febrero	Marzo	Abril
Producto XA	300	600	600	500
Producto ZA	700	500	800	500

El inventario a principios de año de los productos XA y ZA es de 100 y 200 respectivamente. Al finalizar el horizonte de planificación se desea disponer al menos de 300 unidades del producto ZA. Los costes de almacenaje de los productos XA y ZA son respectivamente de 2 euros y 1 euro por unidad almacenada y mes. Debido a limitaciones de espacio, la cantidad de productos almacenados no puede exceder de 300 unidades mensuales. La cantidad máxima que puede fabricarse mensualmente es de 400 unidades de XA y 700 de ZA. Formule el problema de planificación de la producción teniendo como objetivo minimizar el coste total de inventario.

Solución en página 73

Ejercicio 16

Dado el siguiente problema de programación lineal:

$$\text{Maximizar } 2\,X_1 + 1\,X_2 - 1\,X_3$$

$$1\,X_1 + 1\,X_2 + 2\,X_3 \leq 6$$

$$1\,X_1 + 4\,X_2 - 1\,X_3 \leq 4$$

$$X_1, X_2, X_3 \geq 0$$

1. Determine la solución óptima evaluando la función objetivo en los puntos extremos del conjunto de restricciones. Muestre que este método es válido en este problema.

2. Si reemplaza la primera restricción por $X_1 + X_2 - 2\,X_3 \leq 6$ ¿puede usar el método de los puntos extremos para encontrar el punto óptimo? Explique por qué.

Solución en página 75

Ejercicio 17

Una empresa vende tres tipos de productos (1, 2 y 3). El producto 1 está formado por los componentes A y B. El producto 2 consta de 2 unidades de A, 1 unidad de B y 2 unidades de C. Por último, el producto 3 está integrado por 2 unidades de A, 1 unidad de B y 1 unidad de C. Se dispone de 95.000 unidades del componente A, 80.000 del B y 60.000 del C. El coste de cada componente A es de 20 euros, el coste de cada componente B es de 30 euros, y el coste de cada componente C es de 10 euros. El precio de venta de los productos 1, 2 y 3, es respectivamente de 60, 120 y 100 euros. Formule y resuelva el programa lineal que maximiza el beneficio.

Solución en página 77

Ejercicio 18

Una empresa fabrica tres tipos de helados utilizando leche y nata. Para el próximo mes dispone de 75 unidades de leche y 100 de nata. Los coeficientes técnicos y los costes se muestran en la tabla siguiente:

	Euros/Ud.	Helado 1		Helado 2		Helado 3	
		Uds.	Euros	Uds.	Euros	Uds.	Euros
Leche	2	4	8	3	6	2	4
Nata	1	1	1	2	2	3	3
Otros costes			6		5		8
Total costes			15		13		15
Precio venta			20		20		18
Beneficio unitario			5		7		3

Como mínimo se han de fabricar 20 helados. El plan de producción mensual se ha obtenido a partir del siguiente programa lineal:

$$\text{Maximizar} \left\{ 5\,X_1 + 7\,X_2 + 3\,X_3 \right\}$$

$$4\,X_1 + 3\,X_2 + 2\,X_3 \leq 75$$

$$1\,X_1 + 2\,X_2 + 3\,X_3 \leq 100$$

$$1\,X_1 + 1\,X_2 + 1\,X_3 \geq 20$$

$$X_i \geq 0 \qquad i = 1\ldots 3$$

Resultando la siguiente solución óptima:

	Z	X_1	X_2	X_3	S_1	S_2	E_1	A_1
Z	1	4,333	0	1,666	2,333	0	0	0
E_1	0	0,333	0	- 0,3	0,333	0	1	- 1
S_2	0	- 1,67	0	1,667	- 0,6	1	0	0
X_2	0	1,333	1	0,666	0,333	0	0	0

Con estos datos, determine:

1. El plan de producción si en lugar de disponer de 75 unidades de leche dispone únicamente de 50.

2. En la pregunta anterior, ¿Qué puede decir sobre la solución del dual?

3. Cómo se verá afectado el plan de producción si un convenio firmado con los productores de leche obliga a utilizar las 75 unidades de leche disponibles.

4. La solución obtenida en la pregunta anterior es única o múltiple.

5. A qué precio resulta interesante vender helados del tipo 1.

6. A qué precio resulta interesante vender helados del tipo 3.

7. El precio a partir del cual no resulta interesante producir 25 helados del tipo 2.

8. Plantear la última tabla del dual.

9. La dirección está estudiando la posibilidad de dedicar un empleado a realizar tareas de control de calidad. Preguntado por el tiempo necesario para realizarlo ha contestado que si todos los helados fuesen del tipo 1 podría examinar hasta 30, mientras que los helados del tipo 2 necesitan el doble que los de tipo 1, y los del tipo 3 el doble que los del tipo 2. Si realiza el control de calidad la dirección no considera necesario mantener la producción mínima de 20 helados. Determine como afectan estos cambios al plan de producción.

Solución en página 79

Ejercicio 19

Una empresa utiliza los componentes Z1 y Z2 en la fabricación de tres productos. Las unidades requeridas de cada uno de los componentes para la fabricación de cada producto se muestran en la tabla siguiente:

	Producto 1	Producto 2	Producto 3
Z1	5	3	2
Z2	2	4	7

Para satisfacer la demanda del mes próximo dispone de 1.600 unidades de Z1 y 2.000 de Z2. El coste unitario de los componentes Z1 y Z2 es de 2 y 1 euros respectivamente, y el precio unitario de venta de cada uno de los tres productos de 25, 20 y 15 euros, respectivamente. Halle el plan de producción que maximiza el beneficio teniendo en cuenta que para cubrir el punto muerto de la empresa deben fabricarse 400 unidades de los tres productos (Producto1 + Producto2 + Producto3).

Solución en página 87

Ejercicio 20

Una empresa está interesada en desarrollar un abono que contenga como mínimo 100 unidades de potasa, 25 de nitrógeno y 10 de amoníaco, para ello se dispone de los productos A y B cuyo coste en el mercado asciende a 10 y 15 euros por tonelada respectivamente. El contenido de potasa, nitrógeno y amoníaco de una tonelada de producto se muestra en la tabla siguiente:

	Potasa	Nitrógeno	Amoníaco
Producto A	2,0	0,3	0,2
Producto B	1,0	0,6	0,2

1. Desarrolle el nuevo abono tomando en consideración que se desea que dicho abono cueste lo menos posible.

2. Determine que sucedería si deseara cinco unidades suplementarias de nitrógeno, así como el coste marginal de una unidad.

3. Determine que sucedería si deseara cuatro unidades más de nitrógeno de las cinco de la pregunta anterior.

4. Un proveedor le ofrece el producto D a 14 euros tonelada, con 2 unidades de potasa, 0,4 de nitrógeno y 0,2 de amoníaco por tonelada. Justifique si conviene o no utilizar dicho producto, y evalúe el precio del nuevo abono.

Solución en página 91

Ejercicio 21

La siguiente tabla del simplex muestra la solución óptima de un problema de programación lineal. Se sabe que S_1 y S_2 son las variables de holgura de la primera y segunda restricción respectivamente.

	Z	X_1	X_2	S_1	S_2	
Z	1	0	0	- 1	- 0,125	- 7,5
X_1	0	1	0	0,5	- 0,188	2,75
X_2	0	0	1	0	0,125	0,5

1. Formule el problema original

2. Como afectará a la tabla óptima la introducción de una nueva variable X_3 con coeficientes

3. Cuál debe ser el valor umbral de C_{X3} para que X_3 sea variable básica en la tabla óptima

Solución en página 97

Ejercicio 22

Dadas las tablas inicial y actual del método simplex, calcule y justifique los valores de las incógnitas que en ellas aparecen.

Tabla inicial

	Z	X_1	X_2	X_3	S_1	S_2	
Z	1	- 12	- 10	- 15	0	0	0
S_1	0	b	c	d	1	0	200
S_2	0	3	2	e	0	1	100

Tabla actual

	Z	X_1	X_2	X_3	S_1	S_2	
Z	1	- 4,5	1,25	j	k	m	750
X_3	0	g	0,75	1	0,25	0	f
S_2	0	h	i	0	- 0,25	1	50

Solución en página 99

Ejercicio 23

Una empresa que fabrica tres productos (P1, P2 y P3) ha formulado el siguiente programa lineal con el objetivo de maximizar sus beneficios:

$$\text{Max} \left\{ 3\,X_1 + 2\,X_2 - 2\,X_3 \right\}$$

$$\text{Restricción recurso 1} \quad \rightarrow \quad 2\,X_1 + 2\,X_2 - 1\,X_3 \leq 10$$

$$\text{Restricción recurso 2} \quad \rightarrow \quad -2\,X_1 + 1\,X_2 - 2\,X_3 \leq 5$$

$$X_1 \geq 0 \qquad X_2 \geq 0 \qquad X_3 \geq 0$$

La solución de dicho programa lineal se muestra en la tabla:

	Z	X_1	X_2	X_3	S_1	S_2	
Z	1	0	1	3,5	1,5	0	15
X_1	0	1	1	0,5	0,5	0	5
S_2	0	0	3	- 1	1	1	15

1. Formule el problema dual y determine el valor de las variables duales sin necesidad de resolver el problema dual.

2. Justifique que recursos son escasos y cuales son libres.

3. Qué decisión tomaría si pudiera disponer hasta un máximo de 5 unidades adicionales del recurso 1 y 3 del recurso 2, a un coste de 1 y 2 euros la unidad respectivamente.

4. Volviendo al problema original, valore como afectaría a la solución del mismo que el valor del coeficiente de la función objetivo de la variable X_2 pase a valer 1.

Solución en página 101

Ejercicio 24

Resuelva el siguiente programa lineal mediante el método de las dos fases.

$$\text{Min} \left\{ 3\,X_1 + 2\,X_2 \right\}$$

$$2\,X_1 - 2\,X_2 \geq 3$$

$$2\,X_1 + 2\,X_2 \geq 9$$

$$X_1 \geq 0 \qquad X_2 \geq 0$$

Solución en página 105

Ejercicio 25

En el transcurso de la resolución del programa lineal:

$$\text{Max} \left\{ 9\,X_1 + 7\,X_2 \right\}$$

$$A \cdot X \leq b$$

$$X \geq 0$$

Se ha llegado a la tabla siguiente:

	Z	X_1	X_2	S_1	S_2	
Z	1	19				56
S_1	0	-0,4		1	0,4	9,2
X_2	0			0	1	

Se pide:

1. Complete la tabla.

2. ¿Es óptima la tabla del apartado anterior? Indique el valor de las variables del primal, de las variables del dual, y de la función objetivo.

3. Reconstruya el modelo original del programa lineal analizado en los apartados anteriores.

Solución en página 109

Ejercicio 26

Resuelva gráficamente el siguiente programa lineal:

$$\text{Max } \{4\,X_1 + 3\,X_2\}$$

$$1\,X_1 + 3\,X_2 \leq 6$$

$$3\,X_1 - 1\,X_2 \leq 3$$

$$4\,X_1 + 3\,X_2 \leq 12$$

$$X_1 \geq 0 \qquad X_2 \geq 0$$

Solución en página 111

Ejercicio 27

Resuelva el siguiente sistema lineal de ecuaciones mediante el algoritmo de Gauss:

$$6\,X_1 + 3\,X_2 + 3\,X_3 = 12$$

$$2\,X_1 + 3\,X_2 + 4\,X_3 = 20$$

$$X_1 + X_2 + X_3 = 4$$

Solución en página 113

Ejercicio 28

La tabla siguiente muestra la solución óptima de un programa lineal. Siendo S_1 y S_2 las variables de holgura de la primera y la segunda restricción del problema original. Las restricciones son de $\leq$.

X_1	X_2	S_1	S_2	
0	0	- 0,857	- 0,286	- 11,4
1	0	0,143	- 0,286	0,571
0	1	0,143	0,214	2,571

Se pide:

1. Escriba el problema original.

2. Como afectará a la tabla óptima la introducción de una nueva variable X_3 de coeficientes $A_3 = (2, 1)$ y $c_3 = -1$.

3. El valor umbral de c_3 para que X_3 sea variable básica en la tabla óptima.

Solución en página 115

Ejercicio 29

Dado el siguiente programa lineal:

$$\text{Max} \left\{ 7 X_1 + 3 X_2 + 2 X_3 \right\}$$

$$3 X_1 + 0 X_2 + 2 X_3 \leq 6$$

$$2 X_1 + 1 X_2 + 0 X_3 \leq 4$$

$$X_1 \geq 0 \qquad X_2 \geq 0 \qquad X_3 \geq 0$$

Se pide:

1. Plantear el problema dual.

2. Halle el valor de las variables del dual.

3. A partir de la solución del dual encuentre el valor de las variables del primal, el valor de las variables de holgura, y el valor de la función objetivo.

Solución en página 119

Ejercicio 30

Resuelva el siguiente programa lineal mediante el método de las dos fases.

$$\text{Max}\{2\,X_1 + 4\,X_2\}$$

$$-2\,X_1 + 2\,X_2 \leq 4$$

$$2\,X_1 + 1\,X_2 \leq 9$$

$$2\,X_1 + 3\,X_2 = 11$$

$$X_1 \geq 0 \qquad X_2 \geq 0$$

Solución en página 125

Ejercicio 31

Para el programa lineal:

$$\text{Minimizar}: c \cdot x$$

$$A \cdot x = b$$

$$x \geq 0$$

Con la siguiente matriz A:

$$\begin{bmatrix} 2 & -1 & 4 & 1 & 0 \\ 1 & 4 & -3 & 0 & 1 \end{bmatrix}$$

Y el vector b = (10, 5). Se da la siguiente tabla incompleta para una iteración del simplex revisado:

Z	0,333	0,333	
X_1	0,444	0,111	
X_2	- 0,111	0,222	

Complete la tabla y construya la tabla del simplex normal correspondiente a la anterior.

Solución en página 129

Ejercicio 32

Su alimentación requiere que lo que coma pertenezca a uno de los siguientes grupos de alimentos (pastel de chocolate, helado, refrescos, y pastel de queso). Dispone de los siguientes alimentos para el consumo: bizcochos de chocolate, helado de chocolate, cola, y pastel de queso, siendo su coste de 4 euros cada bizcocho, 2 euros cada bola de helado de chocolate, 3 euros una botella de refresco, y 6 euros una porción de pastel de queso. Cada día necesita ingerir por lo menos 600 calorías, 20 gramos de chocolate, 30 gramos de azúcar, y 25 gramos de grasa. El contenido nutritivo unitario de cada elemento se muestra en la tabla.

	Calorías	Chocolate	Azúcar	Grasa
Bizcocho	300	2	1	1
Helado	200	1	1	2
Refresco	100	0	2	1
Pastel queso	400	0	3	3

Resolviendo el programa lineal correspondiente, se obtiene la siguiente solución:

	Variable	Valor	Coste reducido
Bizcocho	X_B	0	- 1,5
Helado de chocolate	X_H	20	0
Refresco	X_R	5	0
Pastel de queso	X_P	0	- 1,5
	E_1	3900	0
	E_2	0	- 0,5
	E_3	0	- 1,5
	E_4	20	0

Se pide:

1. Determine si la solución actual sigue siendo óptima en el caso de que el precio unitario del bizcocho aumente hasta 5 euros y el precio de una porción de pastel de queso disminuya hasta 5 euros. En caso de que no siga siendo óptima la solución, halle la nueva solución óptima.

2. Hasta que valor puede rebajarse el precio de un bizcocho de forma que la base actual siga siendo óptima.

3. Hasta que valor puede rebajarse el precio de una porción de pastel de queso de forma que la base actual siga siendo óptima.

Solución en página 131

Ejercicio 33

Resuelva el siguiente programa lineal mediante el algoritmo del simplex con cotas.

$$\text{Max } \{8\,X_1 + 6\,X_2\}$$

$$4\,X_1 + 3\,X_2 \geq 6$$

$$1\,X_1 + 3\,X_2 \geq 13$$

$$0 \leq X_1 \leq 1$$

$$0 \leq X_2 \leq 6$$

Solución en página 139

Ejercicio 34

Explique como puede modificarse el método simplex revisado para llevar a cabo el método simplex dual en forma matricial. En particular, indique como se obtendría la información necesaria para:

1. Aplicar la regla de detención.

2. Identificar la variable básica que sale de la base, y la variable que entra.

3. Obtener la nueva inversa de la base en cada iteración.

Solución en página 145

Ejercicio 35

Resuelva el siguiente programa lineal:

$$\text{Max}\left\{2\,X_1 + 2\,X_2 + 6\,X_3\right\}$$

$$1\,X_1 + 1\,X_2 + 1\,X_3 \le 20$$

$$-4\,X_1 + 3\,X_2 + 0\,X_3 \le 6$$

$$0\,X_1 + 1\,X_2 + 3\,X_3 \le 12$$

$$0 \le X_1 \le 5$$

$$0 \le X_2 \le 7$$

$$0 \le X_3 \le 6$$

Solución en página 147

Ejercicio 36

Mediante el método simplex con cotas inferiores y superiores resuelva el siguiente programa lineal:

$$\text{Min}\left\{3\,X_1 - 4\,X_2\right\}$$

$$3 \le 1\,X_1 + 1\,X_2 \le 5$$

$$2 \le 2\,X_1 - 5\,X_2 \le 8$$

$$X_1 \ge 0 \qquad X_2 \ge 0$$

Solución en página 151

Capítulo 2

Resolución de los problemas

Ejercicio 1

La tabla del simplex que se muestra a continuación es óptima (problema de maximización y todas las restricciones ≤):

	Z	X_1	X_2	X_3	S_1	S_2	S_3	
Z	1	0	0	0	10	0	90	5300
X_2	0	1	1	0	1	0	-1	30
S_2	0	1	0	0	0	1	-1	10
X_3	0	-1	0	1	-1	0	2	20

Las variables S_1, S_2 y S_3 son variables de holgura.

Se pide:

1. Indique la solución óptima del primal y del dual sin realizar ningún cálculo.

$$\text{Primal} \rightarrow X_1 = 0 \qquad X_2 = 30 \qquad X_3 = 20 \qquad Z = 5.300$$

$$\text{Dual} \rightarrow W_1 = 10 \qquad W_2 = 0 \qquad W_3 = 90 \qquad Z = 5.300$$

2. Evalúe la derivada parcial de z respecto a b_1. Interprete dicho número.

$$Z = C_B \cdot X_B = C_B \cdot B^{-1} \cdot b = W \cdot b$$

$$\frac{dz}{db_1} = 10 \rightarrow \quad \text{Beneficio adicional por la adquisición de una unidad extra de recurso1}$$

3. Determine la derivada parcial de X_2 respecto S_3. Interprete dicho valor.

$$X_B = B^{-1} b - B^{-1} a_N \cdot X_N \quad \Rightarrow \quad \frac{dX_B}{dX_N} = - B^{-1} a_N$$

$$\left[\frac{dX_2}{dS_3} \quad \frac{dS_2}{dS_3} \quad \frac{dX_3}{dS_3} \right] = \begin{bmatrix} 1 & 1 & -2 \end{bmatrix} \quad \rightarrow \quad \frac{dX_2}{dS_3} = 1$$

Indica que por cada unidad que aumenta S_3 la variable X_2 aumenta en 1 unidad.

4. Indique si compraría una unidad adicional del primer recurso por un coste de 3 euros, ¿Por qué?

$$Z = C_B \cdot X_B = C_B \cdot B^{-1} \cdot b = W \cdot b$$

$$\frac{dz}{db_1} = 10 \rightarrow \quad \text{Beneficio adicional por la adquisición de una unidad extra de recurso1}$$

Dado que el beneficio que proporciona una unidad adicional del primer recurso (10 euros) es superior al coste de dicha unidad adicional (3 euros), si compraría una unidad adicional del primer recurso.

$$10 > 3 \quad \Rightarrow \quad \text{Beneficio} > \text{Coste}$$

5. Una empresa desea comprarle una unidad del tercer recurso. ¿Cuánto vale para usted una unidad del tercer recurso? ¿Por qué?

$$Z = C_B \cdot X_B = C_B \cdot B^{-1} \cdot b = W \cdot b$$

$$\frac{dz}{db_3} = 90 \rightarrow \quad \text{Beneficio adicional por la adquisición de una unidad extra de recurso1}$$

El incremento o decremento de una unidad del tercer recurso se premia o castiga con 90 euros. En el caso propuesto por cada unidad del tercer recurso que nos compren, el beneficio se reduce en 90 euros.

6. Indique si existen soluciones óptimas alternativas. Si existen dé una, en caso contrario explique porqué no.

Si existen soluciones óptimas alternativas dado que X_1 puede entrar en la base al tener el coste reducido igual a cero.

$$X_B = B^{-1} b - B^{-1} a_N \cdot X_N \quad \Rightarrow \quad \begin{bmatrix} X_2 \\ S_2 \\ X_3 \end{bmatrix} = \begin{bmatrix} 30 \\ 10 \\ 20 \end{bmatrix} - \begin{bmatrix} 1 \\ 1 \\ -1 \end{bmatrix} \cdot X_1$$

$$\text{Entra } X_1 = 10 \quad \Rightarrow \quad \begin{bmatrix} X_2 \\ S_2 \\ X_3 \end{bmatrix} = \begin{bmatrix} 30 \\ 10 \\ 20 \end{bmatrix} - \begin{bmatrix} 1 \\ 1 \\ -1 \end{bmatrix} \cdot 10 = \begin{bmatrix} 20 \\ 0 \\ 30 \end{bmatrix} \quad \rightarrow \quad \text{Sale } S_2$$

7. Interprete económicamente por qué la variable X_1 no está en la base.

La variable X_1 puede estar en la base sin que el beneficio disminuya, dado que este ejercicio tiene soluciones múltiples.

8. Suponga que desea que X_1 sea igual a la unidad, ¿a costa de que conseguiría que $X_1 = 1$?

$$X_B = B^{-1} b - B^{-1} a_N \cdot X_N \quad \Rightarrow \quad \begin{bmatrix} X_2 \\ S_2 \\ X_3 \end{bmatrix} = \begin{bmatrix} 30 \\ 10 \\ 20 \end{bmatrix} - \begin{bmatrix} 1 \\ 1 \\ -1 \end{bmatrix} \cdot X_1$$

$$\text{Si } X_1 = 1 \quad \Rightarrow \quad \begin{bmatrix} X_2 \\ S_2 \\ X_3 \end{bmatrix} = \begin{bmatrix} 30 \\ 10 \\ 20 \end{bmatrix} - \begin{bmatrix} 1 \\ 1 \\ -1 \end{bmatrix} \cdot 1 = \begin{bmatrix} 29 \\ 9 \\ 21 \end{bmatrix}$$

A costa de
- Reducir X_2 una unidad
- Reducir S_s una unidad
- Aumentar X_3 una unidad

9. Indique que recursos son libres y cuales son escasos.

El segundo recurso es un recurso libre dado que sobran 10 unidades del mismo ($S_2 = 10$), por el contrario, los recursos 1 y 3 son escasos ($S_1 = S_3 = 0$)

10. Comprobar que el precio de los bienes libres es nulo, y el de los escasos es mayor que cero.

Teorema de la ortogonalidad u holgura complementaria:

$$w \cdot (A \cdot x - b) = w \cdot S = 0$$

En el ejercicio:

$$\text{Re curso 1} \quad \rightarrow \quad w_1 \cdot S_1 = 0 \quad \rightarrow \quad \begin{cases} S_1 = 0 & \rightarrow \quad \text{Re curso escaso} \\ w_1 = 10 & \rightarrow \quad \text{Pr ecio} > 0 \end{cases}$$

$$\text{Re curso 2} \quad \rightarrow \quad w_2 \cdot S_2 = 0 \quad \rightarrow \quad \begin{cases} S_2 = 10 & \rightarrow \quad \text{Re curso libre} \\ w_2 = 0 & \rightarrow \quad \text{Pr ecio} = 0 \end{cases}$$

$$\text{Re curso 3} \quad \rightarrow \quad w_3 \cdot S_3 = 0 \quad \rightarrow \quad \begin{cases} S_3 = 0 & \rightarrow \quad \text{Re curso escaso} \\ w_3 = 90 & \rightarrow \quad \text{Pr ecio} > 0 \end{cases}$$

Ejercicio 2

Una empresa elabora tres tipos de bebidas utilizando zumo de piña y zumo de melocotón. El dueño de la empresa ha comprado 1.500 litros de zumo de piña y 2.000 de zumo de melocotón. Los litros de zumo requeridos en la fabricación de cada bebida vienen dados en la tabla siguiente.

	Bebida 1	Bebida 2	Bebida 3
Zumo de piña	6	3	3
Zumo de melocotón	2	3	4

El precio de venta de cada bebida es 15 euros el litro. El coste del zumo de piña es de 1 euro el litro y 2 euros el litro de zumo de melocotón. Se conoce que la demanda de bebidas asciende a 400 litros.

La solución óptima del programa lineal que cumpliendo con las restricciones maximiza el beneficio de la empresa, viene dada en la tabla siguiente.

	Z	X_1	X_2	X_3	S_1	S_2	E_1	A_1	
Z	1	7	0	2	2	0	0	1	3000
E_1	0	1	0	0	0,33	0	1	-1	100
S_2	0	-4	0	1	-1	1	0	0	500
X_2	0	2	1	1	0,33	0	0	0	500

Se pide:

1. El plan de trabajo si en lugar de disponer de 1.500 litros de zumo de piña dispusiera únicamente de 1.200. ¿Qué tipo de solución se obtiene?

Beneficio Bebida 1 $\qquad 15 - [6 \times 1] - [2 \times 2] = 5 \text{ euros litro}$

Beneficio Bebida 2 $\qquad 15 - [3 \times 1] - [3 \times 2] = 6 \text{ euros litro}$

Beneficio Bebida 3 $\qquad 15 - [3 \times 1] - [4 \times 2] = 4 \text{ euros litro}$

$$X_i \rightarrow \text{Litros de bebida fabricada del tipo i}$$

$$\text{Max} \{5\,X_1 + 6\,X_2 + 4\,X_3\}$$

$$\text{Restricción de zumo de piña} \quad \rightarrow \quad 6\,X_1 + 3\,X_2 + 3\,X_3 \leq 1500$$

$$\text{Restricción de zumo de melocotón} \quad \rightarrow \quad 2\,X_1 + 3\,X_2 + 4\,X_3 \leq 2000$$

$$\text{Restricción de demanda} \quad \rightarrow \quad X_1 + X_2 + X_3 \geq 400$$

$$\text{Restricción de no negatividad de las variables} \quad \rightarrow \quad X_i \geq 0$$

Formulado el problema original, debe comprobar que el orden de las restricciones es el correcto.

$$X_B = B^{-1} b \implies \begin{bmatrix} 100 \\ 500 \\ 500 \end{bmatrix} = \begin{bmatrix} 0,333 & 0 & -1 \\ -1 & 1 & 0 \\ 0,333 & 0 & 0 \end{bmatrix} \cdot \begin{bmatrix} b_1 \\ b_2 \\ b_3 \end{bmatrix} \implies \begin{bmatrix} b_1 \\ b_2 \\ b_3 \end{bmatrix} = \begin{bmatrix} 1500 \\ 2000 \\ 400 \end{bmatrix}$$

Comprobado que el orden de las restricciones es el correcto, analice el cambio de valor del recurso zumo de piña que pasa de disponer de 1500 litros a disponer solo de 1200.

$$X_B = B^{-1} b \implies \begin{bmatrix} E_1 \\ S_2 \\ X_2 \end{bmatrix} = \begin{bmatrix} 0,333 & 0 & -1 \\ -1 & 1 & 0 \\ 0,333 & 0 & 0 \end{bmatrix} \cdot \begin{bmatrix} 1200 \\ 2000 \\ 400 \end{bmatrix} = \begin{bmatrix} 0 \\ 800 \\ 400 \end{bmatrix}$$

El tipo de solución es degenerada, hay una variable en la base con valor nulo. Este nuevo plan de trabajo consiste en fabricar 400 litros de la bebida 2. Con el nuevo plan, la demanda está ajustada al máximo, no pudiendo absorber incrementos de la misma.

2. Formule el problema dual, halle su solución e indique como afecta el cambio del apartado anterior.

La formulación del problema dual es la siguiente:

$$\text{Min} \left\{ 1500\, W_1 + 2000\, W_2 + 400\, W_3 \right\}$$

$$6\, W_1 + 2\, W_2 + W_3 \geq 5$$

$$3\, W_1 + 3\, W_2 + W_3 \geq 6$$

$$3\, W_1 + 4\, W_2 + W_3 \geq 4$$

$$W_1 \geq 0 \qquad W_2 \geq 0 \qquad W_3 \leq 0$$

Su solución viene dada por los costes reducidos de las variables de holgura:

$$W_1 = 2 \qquad W_2 = 0 \qquad W_3 = 0$$

Teorema de la ortogonalidad u holgura complementaria:

$$w \cdot (A \cdot x - b) = w \cdot S = 0$$

En el ejercicio:

$$\text{Zumo de piña} \quad \rightarrow \quad w_1 \cdot S_1 = 0 \quad \rightarrow \quad \begin{cases} S_1 = 0 & \rightarrow \quad \text{Recurso escaso} \\ w_1 = 2 & \rightarrow \quad \text{Precio} > 0 \end{cases}$$

$$\text{Zumo de melocotón} \quad \rightarrow \quad w_2 \cdot S_2 = 0 \quad \rightarrow \quad \begin{cases} S_2 = 500 & \rightarrow \quad \text{Recurso libre} \\ w_2 = 0 & \rightarrow \quad \text{Precio} = 0 \end{cases}$$

$$\text{Demanda} \quad \rightarrow \quad w_3 \cdot E_1 = 0 \quad \rightarrow \quad \begin{cases} E_1 = 100 & \rightarrow \quad \text{Recurso libre} \\ w_3 = 0 & \rightarrow \quad \text{Precio} = 0 \end{cases}$$

El cambio de disponer de 1200 litros de zumo de piña en lugar de los 1500, no afecta a la solución del dual, que sigue siendo la misma que la solución al problema inicial.

$$W = C_B \cdot B^{-1} = \begin{bmatrix} 0 & 0 & 6 \end{bmatrix} \cdot \begin{bmatrix} 0,333 & 0 & -1 \\ -1 & 1 & 0 \\ 0,333 & 0 & 0 \end{bmatrix} = \begin{bmatrix} 2 & 0 & 0 \end{bmatrix}$$

3. Indique como se vería afectado el plan de trabajo si el contrato con los proveedores de zumo obligara a utilizar los 1.500 litros de zumo de piña.

Este cambio no afecta la solución óptima dado que dicha solución ya cumple esta restricción $S_1 = 0$ se utilizan los 1.500 litros disponibles de zumo de piña.

4. Determine a partir de que precio resulta interesante fabricar la Bebida 1.

Dado que el modelo formulado es de maximización, una variable no básica entrará en la base cuando su coste reducido sea menor o igual a cero. En este caso la variable X_1 entrará en la base cuando su coste reducido sea menor o igual a cero.

$$Z_j - C_j = C_B \cdot B^{-1} \cdot N - C_N$$

$$Z_{X_1} - C_{X_1} = C_B \cdot B^{-1} \cdot a_{X_1} - C_{X_1} = \begin{bmatrix} 0 & 0 & 6 \end{bmatrix} \cdot \begin{bmatrix} 1 \\ -4 \\ 2 \end{bmatrix} - C_{X_1} = 12 - C_{X_1}$$

$$Z_{X_1} - C_{X_1} \leq 0 \quad \Rightarrow \quad 12 - C_{X_1} \leq 0 \quad \Rightarrow \quad C_{X_1} \geq 12$$

$$\text{Beneficio Bebida 1} \geq 12 \quad \rightarrow \quad p_{X_1} - [6 \times 1] - [2 \times 2] \geq 12 \quad \rightarrow \quad p_{X_1} \geq 22$$

A partir de 22 euros el litro resulta interesante fabricar la Bebida 1.

5. Establezca a partir de que precio resulta interesante fabricar la Bebida 3.

La variable X_3 entrará en la base cuando su coste reducido sea menor o igual a cero.

$$Z_j - C_j = C_B \cdot B^{-1} \cdot N - C_N$$

$$Z_{X_3} - C_{X_3} = C_B \cdot B^{-1} \cdot a_{X_3} - C_{X_3} = \begin{bmatrix} 0 & 0 & 6 \end{bmatrix} \cdot \begin{bmatrix} 0 \\ 1 \\ 1 \end{bmatrix} - C_{X_3} = 6 - C_{X_3}$$

$$Z_{X_3} - C_{X_3} \le 0 \quad \Rightarrow \quad 6 - C_{X_3} \le 0 \quad \Rightarrow \quad C_{X_3} \ge 6$$

$$\text{Beneficio Bebida 3} \ge 6 \quad \rightarrow \quad p_{X_3} - [3 \times 1] - [4 \times 2] \ge 6 \quad \rightarrow \quad p_{X_3} \ge 17$$

A partir de 17 euros el litro resulta interesante fabricar la Bebida 3.

6. Concrete a partir de que precio no resulta interesante fabricar 500 litros de la Bebida 2.

Dado que el modelo es de maximización, una variable no básica entrará en la base cuando su coste reducido sea menor o igual a cero.

$$Z_j - C_j = C_B \cdot B^{-1} \cdot N - C_N$$

$$Z_{X_1} - C_{X_1} = C_B \cdot B^{-1} \cdot a_{X_1} - C_{X_1} = \begin{bmatrix} 0 & 0 & C_{X_2} \end{bmatrix} \cdot \begin{bmatrix} 1 \\ -4 \\ 2 \end{bmatrix} - 5 = 2 \cdot C_{X_2} - 5$$

$$Z_{X_3} - C_{X_3} = C_B \cdot B^{-1} \cdot a_{X_3} - C_{X_3} = \begin{bmatrix} 0 & 0 & C_{X_2} \end{bmatrix} \cdot \begin{bmatrix} 0 \\ 1 \\ 1 \end{bmatrix} - 4 = C_{X_2} - 4$$

$$Z_{S_1} - C_{S_1} = C_B \cdot B^{-1} \cdot a_{S_1} - C_{S_1} = \begin{bmatrix} 0 & 0 & C_{X_2} \end{bmatrix} \cdot \begin{bmatrix} 0 \\ 1 \\ 1 \end{bmatrix} - 0 = C_{X_2} - 0$$

Ejercicio 3

Explique como puede usar la fase I del método simplex para resolver un sistema de n ecuaciones lineales simultáneas con m incógnitas.

Solución:

$$\text{Dado el sistema de ecuaciones} \rightarrow \begin{cases} a_{11} \cdot X_1 + \cdots + a_{1m} \cdot X_m = b_1 \\ \dots\dots\dots\dots\dots\dots\dots\dots\dots \\ a_{n1} \cdot X_1 + \cdots + a_{nm} \cdot X_m = b_n \end{cases}$$

$$\text{Añadiendo variables artificiales} \rightarrow \begin{cases} a_{11} \cdot X_1 + \cdots + a_{1m} \cdot X_m + A_1 = b_1 \\ \dots\dots\dots\dots\dots\dots\dots\dots\dots \\ a_{n1} \cdot X_1 + \cdots + a_{nm} \cdot X_m + A_n = b_n \end{cases}$$

$$\text{La función objetivo de la fase I} \rightarrow \operatorname{Min}\{A_1 + \cdots + A_n\}$$

La tabla correspondiente del método simplex:

	Z	X_1	$\cdots$	X_m	A_1	$\cdots$	A_n	
Z	1	0	$\cdots$	0	- 1	$\cdots$	- 1	0
A_1	0	a_{11}	$\cdots$	a_{1m}	1	$\cdots$	0	b_1
$\cdots$	$\cdots$	$\cdots$	$\cdots$	$\cdots$	$\cdots$	$\cdots$	$\cdots$	$\cdots$
A_n	0	a_{n1}	$\cdots$	a_{nm}	0	$\cdots$	1	b_n

Resolviendo la fase I obtiene la solución del sistema lineal de ecuaciones.

Justifique como puede detectar los casos siguientes:

1. Inconsistencia del sistema de ecuaciones.

Hay inconsistencia del sistema de ecuaciones si después de la fase I queda alguna variable artificial en la base cuyo valor es distinto de cero.

2. Redundancia de las ecuaciones.

Hay redundancia de las ecuaciones cuando hay dos filas que son linealmente dependientes. Al finalizar la fase I queda alguna variable en la base con valor cero.

3. Solución única.

La solución es única cuando al finalizar la fase I no queda ninguna variable artificial en la base y todas las variables básicas son distintas de cero.

4. Razone como puede encontrar en el apartado anterior la matriz inversa del sistema de ecuaciones. Ilústrelo resolviendo el siguiente sistema:

$$5\,X_1 + 2\,X_2 + 1\,X_3 = 800$$

$$1\,X_1 + 2\,X_2 + 4\,X_3 = 900$$

$$1\,X_1 + 1\,X_2 + 1\,X_3 = 350$$

Solución:

En primer lugar se incluyen en el modelo las variables artificiales que corresponda:

$$5\,X_1 + 2\,X_2 + 1\,X_3 + 1\,A_1 = 800$$

$$1\,X_1 + 2\,X_2 + 4\,X_3 + 1\,A_2 = 900$$

$$1\,X_1 + 1\,X_2 + 1\,X_3 + 1\,A_3 = 350$$

Resuelva seguidamente la fase I del método simplex:

$$\text{Min}\left\{ +1\,A_1 + 1\,A_2 + 1\,A_3 \right\}$$

$$5\,X_1 + 2\,X_2 + 1\,X_3 + 1\,A_1 = 800$$

$$1\,X_1 + 2\,X_2 + 4\,X_3 + 1\,A_2 = 900$$

$$1\,X_1 + 1\,X_2 + 1\,X_3 + 1\,A_3 = 350$$

$$X_i \geq 0 \qquad A_i \geq 0$$

En la primera fila de la tabla debe colocar los costes reducidos de cada variable, así como el valor de la función objetivo:

$$Z_j - C_j = C_B \cdot B^{-1} \cdot N - C_N$$

$$Z_j - C_j = C_B \cdot B^{-1} \cdot N - C_j = \begin{bmatrix} 1 & 1 & 1 \end{bmatrix} \cdot \begin{bmatrix} 5 & 2 & 1 \\ 1 & 2 & 4 \\ 1 & 1 & 1 \end{bmatrix} - \begin{bmatrix} 0 & 0 & 0 \end{bmatrix} = \begin{bmatrix} 7 & 5 & 6 \end{bmatrix}$$

$$Z = C_B \cdot X_B = \begin{bmatrix} 1 & 1 & 1 \end{bmatrix} \cdot \begin{bmatrix} 800 \\ 900 \\ 350 \end{bmatrix} = 2.050$$

	Z	X_1	X_2	X_3	A_1	A_2	A_3	
Z	1	7	5	6	0	0	0	2050
A_1	0	5	2	1	1	0	0	800
A_2	0	1	2	4	0	1	0	900
A_3	0	1	1	1	0	0	1	350

Iteración 1 - Entra en la base X_1 ya que tiene el coste reducido positivo, y de todos los positivos, el mayor. Sale de la base:

$$\text{Min}\left\{\frac{B^{-1}b}{Y_{X_3}}, Y_{X_3} > 0\right\} = \text{Min}\left\{\frac{800}{5}, \frac{900}{1}, \frac{350}{1}\right\} = \frac{800}{5} \rightarrow A_1$$

	Z	X_1	X_2	X_3	A_1	A_2	A_3	
Z	1	0	2,2	4,6	-1,4	0	0	930
X_1	0	1	0,4	0,2	0,2	0	0	160
A_2	0	0	1,6	3,8	-0,2	1	0	740
A_3	0	0	0,6	0,8	-0,2	0	1	190

Iteración 2 - Entra en la base X_3 ya que tiene el coste reducido positivo, y de todos los positivos, el mayor. Sale de la base:

$$\text{Min}\left\{\frac{B^{-1}b}{Y_{X_3}}, Y_{X_3} > 0\right\} = \text{Min}\left\{\frac{160}{0,2}, \frac{740}{3,8}, \frac{190}{0,8}\right\} = \frac{740}{3,8} \rightarrow A_2$$

	Z	X_1	X_2	X_3	A_1	A_2	A_3	
Z	1	0	0,263	0	-1,158	-1,211	0	34,21
X_1	0	1	0,316	0	0,211	-0,053	0	121,1
X_3	0	0	0,421	1	-0,053	0,263	0	194,7
A_3	0	0	0,263	0	-0,158	-0,211	1	34,21

Iteración 3 - Entra en la base X_2 ya que es la única que tiene el coste reducido positivo. Sale de la base:

$$\text{Min}\left\{\frac{B^{-1}b}{Y_{X_3}}, Y_{X_3} > 0\right\} = \text{Min}\left\{\frac{121,1}{0,316}, \frac{194,7}{0,421}, \frac{34.21}{0,263}\right\} = \frac{34,21}{0,263} \rightarrow A_3$$

	Z	X_1	X_2	X_3	A_1	A_2	A_3	
Z	1	0	0	0	-1	-1	-1	0
X_1	0	1	0	0	0,4	0,2	-1,2	80
X_3	0	0	0	1	0,2	0,6	-1,6	140
X_2	0	0	1	0	-0,6	-0,8	3,8	130

La solución hallada es óptima dado que ninguna variable puede entrar en la base y mejorar la solución actual, ya que el coste reducido de las variables no básicas es negativo y el problema es de minimización.

Donde en la tabla inicial se halla la base, en la tabla final se encuentra la matriz inversa del sistema de ecuaciones. En la fase I del método simplex la matriz básica inicial la forman las variables artificiales, por lo que dicha posición al finalizar la fase I la ocupará la matriz inversa del sistema de ecuaciones. En el ejercicio la matriz inversa del sistema de ecuaciones es la matriz:

$$\begin{bmatrix} 0,4 & 0,2 & -1,2 \\ 0,2 & 0,6 & -1,6 \\ -0,6 & -0,8 & 3,8 \end{bmatrix}$$

Puede comprobarse que ciertamente es la matriz inversa calculando por ejemplo el valor de las variables básicas:

$$X_B = B^{-1} \cdot b = \begin{bmatrix} 0,4 & 0,2 & -1,2 \\ 0,2 & 0,6 & -1,6 \\ -0,6 & -0,8 & 3,8 \end{bmatrix} \cdot \begin{bmatrix} 800 \\ 900 \\ 350 \end{bmatrix} = \begin{bmatrix} 80 \\ 140 \\ 130 \end{bmatrix}$$

Solución que se corresponde con la calculada mediante el método simplex tabular.

Ejercicio 4

Una empresa está estudiando llevar a cabo una campaña publicitaria, para ello dispone de 1.000.000 de euros. Puede difundir sus anuncios en dos canales publicitarios distintos, el primero de ellos cobra 15.000 euros cada vez que emite un anuncio, mientras que el segundo cobra el doble. La probabilidad de que un anuncio del primer canal sea visto es del 30 %, mientras que del segundo es del 70 %. Como mínimo deben emitirse 26 anuncios en el primer canal y 13 en el segundo.

Se pide:

1. Determine el número de anuncios que debe lanzar en cada canal de manera que maximice la probabilidad de que se vea el anuncio de la empresa, teniendo en cuenta la restricción presupuestaria y las del número de anuncios.

$$X_i \rightarrow \text{Número de anuncios a emitir en el canal i}$$

$$\text{Max } \{0,3\,X_1 + 0,7\,X_2\}$$

$$\text{Restricción presupuestaria} \quad \rightarrow \quad 15000\,X_1 + 30000\,X_2 \leq 1000000$$

$$\text{Restricción del número de anuncios mínimo} \quad \rightarrow \quad X_1 \geq 26$$

$$\text{Restricción del número de anuncios mínimo} \quad \rightarrow \quad X_2 \geq 13$$

$$\text{Restricción de no negatividad de las variables} \quad \rightarrow \quad X_i \geq 0$$

Fase 1:

$$\text{Min } \{1\,A_1 + 1\,A_2\}$$

$$15\,X_1 + 30\,X_2 + 1\,S_1 = 1000$$

$$X_1 - 1\,E_1 + 1\,A_1 = 26$$

$$X_2 - 1\,E_2 + 1\,A_2 = 13$$

$$X_i \geq 0$$

Siendo el coste reducido de las variables no básicas:

$$Z_j - C_j = \begin{bmatrix} 0 & 1 & 1 \end{bmatrix} \cdot \begin{bmatrix} 15 & 30 & 0 & 0 \\ 1 & 0 & -1 & 0 \\ 0 & 1 & 0 & -1 \end{bmatrix} - \begin{bmatrix} 0 & 0 & 0 & 0 \end{bmatrix} = \begin{bmatrix} 1 & 1 & -1 & -1 \end{bmatrix}$$

$$Z = C_B \cdot X_B = \begin{bmatrix} 0 & 1 & 1 \end{bmatrix} \cdot \begin{bmatrix} 1000 \\ 26 \\ 13 \end{bmatrix} = 39$$

	Z	X_1	X_2	S_1	E_1	E_2	A_1	A_2	
Z	1	1	1	0	-1	-1	0	0	39
S_1	0	15	30	1	0	0	0	0	1000
A_1	0	1	0	0	-1	0	1	0	26
A_2	0	0	1	0	0	-1	0	1	13

Iteración 1 - Entra en la base X_2 ya que tiene el coste reducido positivo. Sale de la base:

$$\text{Min} \left\{ \frac{B^{-1} b}{Y_{X_2}}, Y_{X_2} > 0 \right\} = \text{Min} \left\{ \frac{1000}{30}, -, \frac{13}{1} \right\} = 13 \quad \rightarrow \quad A_2$$

	Z	X_1	X_2	S_1	E_1	E_2	A_1	A_2	
Z	1	1	0	0	-1	0	0	-1	26
S_1	0	15	0	1	0	30	0	-30	610
A_1	0	1	0	0	-1	0	1	0	26
X_2	0	0	1	0	0	-1	0	1	13

Iteración 2 - Entra en la base X_1 ya que tiene el coste reducido positivo. Sale de la base:

$$\text{Min} \left\{ \frac{B^{-1} b}{Y_{X_1}}, Y_{X_1} > 0 \right\} = \text{Min} \left\{ \frac{610}{15}, \frac{26}{1}, - \right\} = 26 \quad \rightarrow \quad A_1$$

	Z	X_1	X_2	S_1	E_1	E_2	A_1	A_2	
Z	1	0	0	0	0	0	-1	-1	0
S_1	0	0	0	1	15	30	-15	-30	220
X_1	0	1	0	0	-1	0	1	0	26
X_2	0	0	1	0	0	-1	0	1	13

Fase 2:

$$\text{Max } \{0{,}3\,X_1 + 0{,}7\,X_2 - M\,A_1 - M\,A_2\}$$

$$15000\,X_1 + 30000\,X_2 + 1\,S_1 = 1000000$$

$$X_1 - 1\,E_1 + 1\,A_1 = 26$$

$$X_2 - 1\,E_2 + 1\,A_2 = 13$$

$$X_i \geq 0$$

$$Z_j - C_j = \begin{bmatrix} 0 & 0{,}3 & 0{,}7 \end{bmatrix} \cdot \begin{bmatrix} 15 & 30 & -15 & -30 \\ -1 & 0 & 1 & 0 \\ 0 & -1 & 0 & 1 \end{bmatrix} - \begin{bmatrix} 0 & 0 & -M & -M \end{bmatrix}$$

$$Z_j - C_j = \begin{bmatrix} -0{,}3 & -0{,}7 & 0{,}3+M & 0{,}7+M \end{bmatrix}$$

$$Z = C_B \cdot X_B = \begin{bmatrix} 0 & 0{,}3 & 0{,}7 \end{bmatrix} \cdot \begin{bmatrix} 220 \\ 26 \\ 13 \end{bmatrix} = 16{,}9$$

	Z	X_1	X_2	S_1	E_1	E_2	A_1	A_2	
Z	1	0	0	0	-0,3	-0,7	0,3+M	0,7+M	16,9
S_1	0	0	0	1	15	30	-15	-30	220
X_1	0	1	0	0	-1	0	1	0	26
X_2	0	0	1	0	0	-1	0	1	13

Iteración 3 - Entra en la base E_2 ya que tiene el coste reducido negativo, y de todos los negativos, el mayor. Sale de la base:

$$\text{Min } \left\{ \frac{B^{-1}\,b}{Y_{E_2}}, Y_{E_2} > 0 \right\} = \text{Min } \left\{ \frac{220}{30}, -, - \right\} = \frac{220}{30} \rightarrow S_1$$

	Z	X_1	X_2	S_1	E_1	E_2	A_1	A_2	
Z	1	0	0	0,023	0,05	0	-0,05+M	+M	22,03
E_2	0	0	0	0,03	0,5	1	-0,5	-1	7,33
X_1	0	1	0	0	-1	0	1	0	26
X_2	0	0	1	0,03	0,5	0	-0,5	0	20,33

La solución hallada es óptima dado que ninguna variable puede entrar en la base y mejorar la solución actual, ya que el coste reducido de las variables no básicas es positivo y el problema es de maximización. La solución óptima consiste en emitir 26 anuncios por el primer canal y 20,33 anuncios por el segundo canal.

2. Halle la solución que se obtiene si elimina la segunda restricción.

Si elimina la restricción que obliga a emitir como mínimo 26 anuncios en el primer canal, el número de anuncios mínimo a emitir por el primer canal es de cero tal y como indica la restricción de no negatividad de las variables. Siendo la nueva solución:

$$X_B = B^{-1} \cdot b = \begin{bmatrix} 0,03 & -1 \\ 0,03 & 0 \end{bmatrix} \cdot \begin{bmatrix} 1000 \\ 13 \end{bmatrix} = \begin{bmatrix} 20,33 \\ 33,33 \end{bmatrix} = \begin{bmatrix} E_2 \\ X_2 \end{bmatrix}$$

$$Z = C_B \cdot X_B = \begin{bmatrix} 0 & 0,7 \end{bmatrix} \cdot \begin{bmatrix} 20,33 \\ 33,33 \end{bmatrix} = 23,33$$

$$Z_j - C_j = \begin{bmatrix} 0 & 0,7 \end{bmatrix} \cdot \begin{bmatrix} 0,03 & -1 \\ 0,03 & 0 \end{bmatrix} \cdot \begin{bmatrix} 15 & 1 & 0 \\ 0 & 0 & -1 \end{bmatrix} - \begin{bmatrix} 0,3 & 0 & 0 \end{bmatrix} = \begin{bmatrix} 0,05 & 0,023 & 0 \end{bmatrix}$$

La nueva solución óptima consiste en emitir 0 anuncios por el primer canal y 33,33 anuncios por el segundo canal.

3. ¿Y si elimina la tercera restricción?

Si elimina la restricción que obliga a emitir como mínimo 13 anuncios en el segundo canal, el número de anuncios mínimo a emitir por el segundo canal es de cero tal y como indica la restricción de no negatividad de las variables. Siendo la nueva solución:

$$X_B = B^{-1} \cdot b = \begin{bmatrix} 0,03 & -0,5 \\ 0 & 1 \end{bmatrix} \cdot \begin{bmatrix} 1000 \\ 26 \end{bmatrix} = \begin{bmatrix} 20,33 \\ 26 \end{bmatrix} = \begin{bmatrix} X_2 \\ X_1 \end{bmatrix}$$

$$Z = C_B \cdot X_B = \begin{bmatrix} 0,7 & 0,3 \end{bmatrix} \cdot \begin{bmatrix} 20,33 \\ 26 \end{bmatrix} = 22,03$$

$$Z_j - C_j = \begin{bmatrix} 0,7 & 0,3 \end{bmatrix} \cdot \begin{bmatrix} 0,03 & -0,5 \\ 0 & 1 \end{bmatrix} \cdot \begin{bmatrix} 15 & 30 & 1 & 0 \\ 1 & 0 & 0 & -1 \end{bmatrix} - \begin{bmatrix} 0,3 & 0,7 & 0 & 0 \end{bmatrix} = \begin{bmatrix} 0 & 0 & 0,023 & 0,05 \end{bmatrix}$$

La nueva solución óptima consiste en emitir 26 anuncios por el primer canal y 20,33 anuncios por el segundo canal.

4. Si la empresa dispusiese de más dinero para invertir, ¿lo invertiría en la primera o en la segunda cadena de televisión? ¿Por qué?

$$X_B = B^{-1} \cdot b = \begin{bmatrix} 0,03 & -0,5 & -1 \\ 0 & 1 & 0 \\ 0,03 & -0,5 & 0 \end{bmatrix} \cdot \begin{bmatrix} 1000 + \Delta b_1 \\ 26 \\ 13 \end{bmatrix} = \begin{bmatrix} 7,33 + 0,03 \cdot \Delta b_1 \\ 26 \\ 20,33 + 0,03 \cdot \Delta b_1 \end{bmatrix} = \begin{bmatrix} E_2 \\ X_1 \\ X_2 \end{bmatrix}$$

Invertiría en el segundo canal ya que es el único al que le afecta la inversión.

5. *¿A partir de qué coste resulta interesante difundir anuncios en una tercera cadena que proporcione el 50 % de probabilidad de que un telespectador vea el anuncio?*

El modelo incluyendo el tercer canal es el siguiente:

$$\text{Max} \{0,3 \, X_1 + 0,7 \, X_2 + 0,5 \, X_3\}$$

$$\text{Re stricción pre sup uestaria} \quad \rightarrow \quad 15000 \, X_1 + 30000 \, X_2 + A \, X_2 \leq 1000000$$

$$\text{Re stricción del número de anuncios mínimo} \quad \rightarrow \quad X_1 \geq 26$$

$$\text{Re stricción del número de anuncios mínimo} \quad \rightarrow \quad X_2 \geq 13$$

$$\text{Re stricción de no negatividad de las var iables} \quad \rightarrow \quad X_i \geq 0$$

$$Z_{X_3} - C_{X_3} = C_B \cdot B^{-1} \cdot a_{X_3} - C_{X_3}$$

$$Z_{X_3} - C_{X_3} = \begin{bmatrix} 0 & 0,3 & 0,7 \end{bmatrix} \cdot \begin{bmatrix} 0,03 & -0,5 & -1 \\ 0 & 1 & 0 \\ 0,03 & -0,5 & 0 \end{bmatrix} \cdot \begin{bmatrix} A \\ 0 \\ 0 \end{bmatrix} - 0,5 = 0,023 \cdot A - 0,5$$

$$Z_{X_3} - C_{X_3} \leq 0 \quad \Rightarrow \quad 0,023 \cdot A - 0,5 \leq 0 \quad \Rightarrow \quad A \leq 21.428$$

Resulta interesante difundir anuncios en el tercer canal siempre que su coste sea inferior a 21.428,57 euros cada vez que emite un anuncio.

6. *¿Qué solución obtendría si el primer canal duplicara el coste de los anuncios?*

Fase 1:

$$\text{Min} \{1 \, A_1 + 1 \, A_2\}$$

$$30 \, X_1 + 30 \, X_2 + 1 \, S_1 = 1000$$

$$X_1 - 1 \, E_1 + 1 \, A_1 = 26$$

$$X_2 - 1 \, E_2 + 1 \, A_2 = 13$$

$$X_i \geq 0$$

$$Z_j - C_j = \begin{bmatrix} 0 & 1 & 1 \end{bmatrix} \cdot \begin{bmatrix} 30 & 30 & 0 & 0 \\ 1 & 0 & -1 & 0 \\ 0 & 1 & 0 & -1 \end{bmatrix} - \begin{bmatrix} 0 & 0 & 0 & 0 \end{bmatrix} = \begin{bmatrix} 1 & 1 & -1 & -1 \end{bmatrix}$$

$$Z = C_B \cdot X_B = \begin{bmatrix} 0 & 1 & 1 \end{bmatrix} \cdot \begin{bmatrix} 1000 \\ 26 \\ 13 \end{bmatrix} = 39$$

	Z	X_1	X_2	S_1	E_1	E_2	A_1	A_2	
Z	1	1	1	0	- 1	- 1	0	0	39
S_1	0	30	30	1	0	0	0	0	1000
A_1	0	1	0	0	- 1	0	1	0	26
A_2	0	0	1	0	0	- 1	0	1	13

Iteración 1 - Entra en la base X_2 ya que tiene el coste reducido positivo. Sale de la base:

$$\text{Min} \left\{ \frac{B^{-1} b}{Y_{X_2}}, Y_{X_2} > 0 \right\} = \text{Min} \left\{ \frac{1000}{30}, -, \frac{13}{1} \right\} = 13 \quad \rightarrow \quad A_2$$

	Z	X_1	X_2	S_1	E_1	E_2	A_1	A_2	
Z	1	1	0	0	- 1	0	0	- 1	26
S_1	0	30	0	1	0	30	0	- 30	610
A_1	0	1	0	0	- 1	0	1	0	26
X_2	0	0	1	0	0	- 1	0	1	13

Iteración 2 - Entra en la base X_1 ya que tiene el coste reducido positivo. Sale de la base:

$$\text{Min} \left\{ \frac{B^{-1} b}{Y_{X_1}}, Y_{X_1} > 0 \right\} = \text{Min} \left\{ \frac{610}{30}, \frac{26}{1}, - \right\} = \frac{610}{30} \quad \rightarrow \quad S_1$$

	Z	X_1	X_2	S_1	E_1	E_2	A_1	A_2	
Z	1	0	0	- 0,03	- 1	- 1	0	0	5,67
X_1	0	1	0	0,03	0	1	0	- 1	20,33
A_1	0	0	0	- 0,03	- 1	- 1	1	1	5,67
X_2	0	0	1	0	0	- 1	0	1	13

Ninguna variable puede entrar en la base dado que no hay ninguna variable no básica cuyo coste reducido sea positivo. Se ha llegado pues al final de la fase I con una variable artificial en la base, lo que indica que la solución es infactible.

Ejercicio 5

Una refinería puede comprar petróleo crudo ligero y petróleo crudo pesado. El coste por barril de estos tipos de petróleo es de 11 y 9 euros, respectivamente. De cada tipo de petróleo se producen por barril las siguientes cantidades de gasolina, keroseno y combustible para reactores.

	Gasolina	Keroseno	Combustible
Petróleo crudo ligero	0,40	0,20	0,35
Petróleo crudo pesado	0,32	0,40	0,20

En el proceso de refinamiento se pierde el 5 % y el 8 % del crudo, respectivamente. La refinería tiene un contrato para entregar un millón de barriles de gasolina, cuatrocientos mil barriles de keroseno, y doscientos cincuenta mil barriles de combustible para reactores. Determine el número de barriles de cada tipo de petróleo crudo que satisfacen la demanda y minimizan el coste.

Solución

$$\text{Min} \left\{ 11\,X_L + 9\,X_P \right\}$$

$$0,40\,X_L + 0,32\,X_P \geq 1.000.000$$

$$0,20\,X_L + 0,40\,X_P \geq 400.000$$

$$0,35\,X_L + 0,20\,X_P \geq 250.000$$

$$X_L \geq 0 \qquad X_P \geq 0$$

Este modelo puede resolverse gráficamente:

$$0,40\,X_L + 0,32\,X_P \geq 1.000.000 \quad \rightarrow \quad \begin{cases} X_L = 0,00 & X_P = 3,125 \\ X_L = 2,50 & X_P = 0,000 \end{cases}$$

$$0,20\,X_L + 0,40\,X_P \geq 400.000 \quad \rightarrow \quad \begin{cases} X_L = 0 & X_P = 1 \\ X_L = 2 & X_P = 0 \end{cases}$$

$$0,35\,X_L + 0,20\,X_P \geq 250.000 \quad \rightarrow \quad \begin{cases} X_L = 0,00 & X_P = 1,250 \\ X_L = 0,71 & X_P = 0,000 \end{cases}$$

$$11\,X_L + 9\,X_P = Z \quad \rightarrow \quad \begin{cases} Z = 36 & X_L = 0,00 & X_P = 4 \\ Z = 36 & X_L = 3,27 & X_P = 0 \end{cases}$$

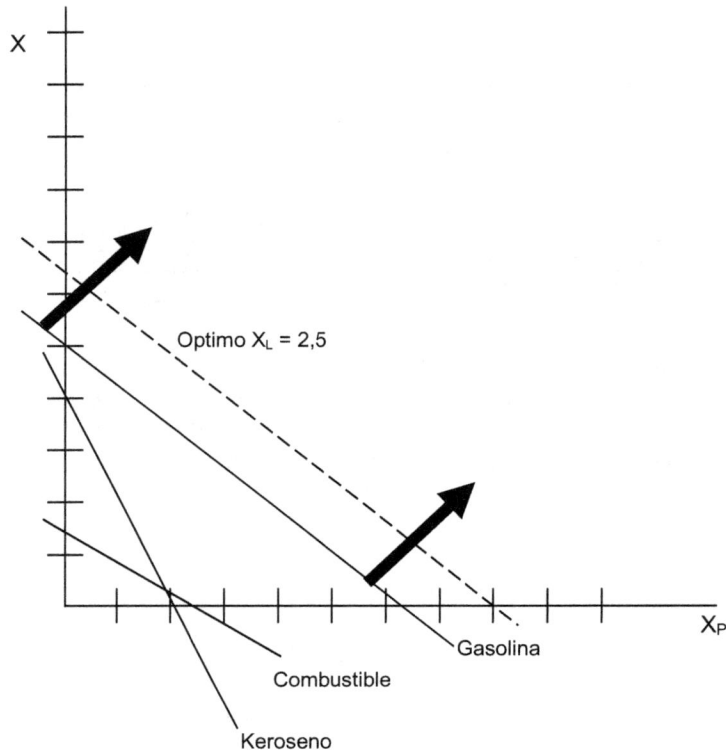

El punto óptimo es $X_L = 2,5$ que implica la producción de 2.500.000 barriles de crudo ligero y ningún barril de crudo pesado.

Otra solución posible consiste en aplicar el método simplex en su formato de tabla, para ello primero debe incluir en el modelo las variables de holgura y las variables de exceso que correspondan con la finalidad de expresar el modelo en formato estándar:

$$\text{Min} \left\{ 11\, X_L + 9\, X_P \right\}$$

$$0,40\, X_L + 0,32\, X_P - 1\, E_1 = 1.000.000$$

$$0,20\, X_L + 0,40\, X_P - 1\, E_2 = 400.000$$

$$0,35\, X_L + 0,20\, X_P - 1\, E_3 = 250.000$$

$$X_L \geq 0 \qquad X_P \geq 0 \qquad E_i \geq 0 \quad i = 1 \ldots 3$$

Las ecuaciones que tienen variables de exceso deben multiplicarse por (- 1) en ambos lados con la finalidad de hacer positivo el coeficiente de la variable de exceso y formar así el vector unitario que permita tomar esta variable de exceso como una variable básica inicial, sin necesidad de agregar una variable artificial a esa restricción.

	Z	X_L	X_P	E_1	E_2	E_3	
Z	1	- 11	- 9	0	0	0	0
E_1	0	- 0,40	- 0,32	1	0	0	- 1000
E_2	0	- 0,20	- 0,40	0	1	0	- 400
E_3	0	- 0,35	- 0,20	0	0	1	- 250

La solución resultante si bien es óptima dado que todos los costes reducidos son negativos y el problema es de minimización, no es factible dado que no cumple con la condición de no negatividad de las variables. Para reconstruir la factibilidad debe aplicar el método simplex dual.

Iteración 1 - Sale de la base E_1 ya que su valor es negativo (no es factible), y de todos los valores negativos de las variables básicas, el mayor en valor absoluto. Entra de la base:

$$\text{Min}\left\{\frac{Z_j - C_j}{a_{E_1, j}}, a_{E_1, j} < 0\right\} = \text{Min}\left\{\frac{-11}{-0,40}, \frac{-9}{-0,32}\right\} = 27,5 \quad \rightarrow \quad X_L$$

	Z	X_L	X_P	E_1	E_2	E_3	
Z	1	0	- 0,2	- 27,5	0	0	27500
X_L	0	1	0,8	- 2,5	0	0	2500
E_2	0	0	- 0,24	- 0,5	1	0	100
E_3	0	0	0,08	- 0,875	0	1	625

Esta solución es factible dado que todos los valores de las variables básicas son positivos, y además es óptima ya que los costes reducidos de las variables no básicas son negativos y el problema es de minimización, luego ninguna variable puede entrar en la base con el objetivo de mejorar la solución actual. La solución se corresponde con la hallada con anterioridad gráficamente fabricar 2.500.000 barriles de crudo ligero y ningún barril de crudo pesado.

Ejercicio 6

Resuelva el siguiente problema mediante el simplex tabular:

$$\text{Min}\left\{-2\,X_1 - 4\,X_2\right\}$$

$$2\,X_1 + 3\,X_2 \le 7$$

$$8\,X_2 \le 4$$

$$X_1 \ge 0 \qquad X_2 \ge 0$$

Solución

Añadiendo al modelo las variables de holgura que corresponden:

$$\text{Min}\left\{-2\,X_1 - 4\,X_2\right\}$$

$$2\,X_1 + 3\,X_2 + 1S_1 = 7$$

$$8\,X_2 + 1S_2 = 4$$

$$X_1 \ge 0 \qquad X_2 \ge 0$$

Siendo el coste reducido de las variables no básicas:

$$Z_j - C_j = C_B \cdot B^{-1} \cdot N - C_N$$

$$Z_j - C_j = C_B \cdot B^{-1} \cdot N - C_j = \begin{bmatrix} 0 & 0 \end{bmatrix} \cdot B^{-1} \cdot N - \begin{bmatrix} -2 & -4 \end{bmatrix} = \begin{bmatrix} 2 & 4 \end{bmatrix}$$

$$Z = C_B \cdot X_B = \begin{bmatrix} 0 & 0 \end{bmatrix} \cdot X_B = 0$$

	Z	X_1	X_2	S_1	S_2	
Z	1	2	4	0	0	0
S_1	0	2	3	1	0	7
S_2	0	0	8	0	1	4

Iteración 1 - Entra en la base X_2 ya que tiene el coste reducido positivo, y de todos los positivos, el mayor. Sale de la base:

$$\text{Min}\left\{\frac{B^{-1}\,b}{Y_{X_2}}, Y_{X_2} > 0\right\} = \text{Min}\left\{\frac{7}{3}, \frac{4}{8}\right\} = \frac{4}{8} \quad \rightarrow \quad S_2$$

	Z	X_1	X_2	S_1	S_2	
Z	1	2	0	0	- 0,5	- 2
S_1	0	2	0	1	- 0,375	5,5
X_2	0	0	1	0	0,125	0,5

Iteración 2 - Entra en la base X_1 ya que tiene el coste reducido positivo, y de todos los positivos, el mayor. Sale de la base:

$$\text{Min}\left\{\frac{B^{-1}\,b}{Y_{X_1}}, Y_{X_1} > 0\right\} = \text{Min}\left\{\frac{5,5}{2}, -\right\} = \frac{5,5}{2} \quad \rightarrow \quad S_1$$

	Z	X_1	X_2	S_1	S_2	
Z	1	0	0	- 1	- 0,125	- 7,5
X_1	0	1	0	0,5	- 0,188	2,75
X_2	0	0	1	0	0,125	0,5

La solución hallada es óptima dado que ninguna variable puede entrar en la base y mejorar la solución actual, ya que el coste reducido de las variables no básicas es negativo y el problema es de minimización. La solución óptima:

$$X_1 = 2,75 \qquad X_2 = 0,5 \qquad Z = -7,5$$

Otra solución posible consiste en resolver el problema gráficamente:

$$2\,X_1 + 3\,X_2 \le 7 \quad \rightarrow \quad \begin{cases} X_1 = 0,00 & X_2 = 2,33 \\ X_1 = 3,50 & X_2 = 0,00 \end{cases}$$

$$8\,X_2 \le 4 \quad \rightarrow \quad \{X_1 = 0,0 \quad X_2 = 0,5$$

$$-2\,X_1 - 4\,X_2 = Z \quad \rightarrow \quad \begin{cases} Z = 8 & X_1 = 0 & X_2 = -2 \\ Z = 8 & X_1 = 4 & X_2 = 0 \end{cases}$$

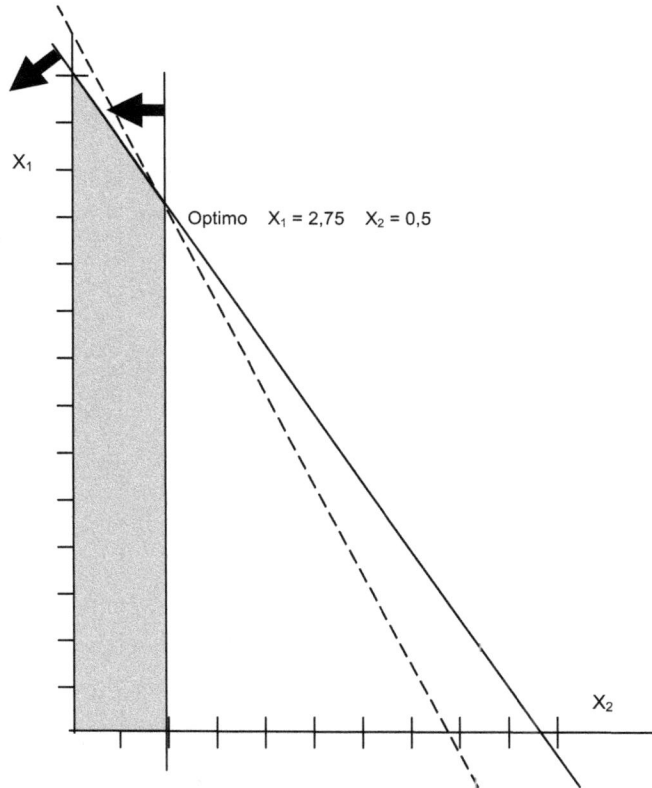

Optimo $X_1 = 2,75$ $X_2 = 0,5$

X_1

X_2

Ejercicio 7

Resuelva el siguiente problema mediante el simplex tabular:

$$\text{Max}\left\{2\,X_1 + 5\,X_2\right\}$$

$$2\,X_1 - 4\,X_2 \leq 8$$

$$-\,3\,X_1 + 8\,X_2 \leq 11$$

$$X_1 \geq 0 \qquad X_2 \geq 0$$

Solución

Añadiendo al modelo las variables de holgura que corresponden:

$$\text{Max}\left\{2\,X_1 + 5\,X_2\right\}$$

$$2\,X_1 - 4\,X_2 + 1\,S_1 = 8$$

$$-\,3\,X_1 + 8\,X_2 + 1\,S_2 = 11$$

$$X_1 \geq 0 \qquad X_2 \geq 0$$

Siendo el coste reducido de las variables no básicas:

$$Z_j - C_j = C_B \cdot B^{-1} \cdot N - C_N$$

$$Z_j - C_j = C_B \cdot B^{-1} \cdot N - C_j = \begin{bmatrix}0 & 0\end{bmatrix} \cdot B^{-1} \cdot N - \begin{bmatrix}2 & 5\end{bmatrix} = \begin{bmatrix}-2 & -5\end{bmatrix}$$

$$Z = C_B \cdot X_B = \begin{bmatrix}0 & 0\end{bmatrix} \cdot X_B = 0$$

	Z	X_1	X_2	S_1	S_2	
Z	1	-2	-5	0	0	0
S_1	0	2	-4	1	0	8
S_2	0	-3	8	0	1	11

Iteración 1 - Entra en la base X_2 ya que tiene el coste reducido negativo, y de todos los negativos, el mayor en valor absoluto. Sale de la base:

$$\text{Min}\left\{\frac{B^{-1}b}{Y_{X_2}}, Y_{X_2} > 0\right\} = \text{Min}\left\{-,\frac{11}{8}\right\} = \frac{11}{8} \quad \rightarrow \quad S_2$$

	Z	X_1	X_2	S_1	S_2	
Z	1	- 3,875	0	0	0,625	6,875
S_1	0	0,5	0	1	0,5	13,5
X_2	0	- 0,375	1	0	0,125	1,375

Iteración 2 - Entra en la base X_1 ya que tiene el coste reducido negativo, y de todos los negativos, el mayor en valor absoluto. Sale de la base:

$$\text{Min}\left\{\frac{B^{-1}b}{Y_{X_1}}, Y_{X_1} > 0\right\} = \text{Min}\left\{\frac{13,5}{0,5}, -\right\} = \frac{13,5}{0,5} \quad \rightarrow \quad S_1$$

	Z	X_1	X_2	S_1	S_2	
Z	1	0	0	7,75	4,5	111,5
X_1	0	1	0	2	1	27
X_2	0	0	1	0,75	0,5	11,5

La solución hallada es óptima dado que ninguna variable puede entrar en la base y mejorar la solución actual, ya que el coste reducido de las variables no básicas es positivo y el problema es de maximización. La solución óptima:

$$X_1 = 27 \qquad X_2 = 11,5 \qquad Z = 111,5$$

Otra solución posible consiste en resolver el problema gráficamente:

$$2X_1 - 4X_2 = 8 \quad \rightarrow \quad \begin{cases} X_1 = 0 \quad X_2 = -2 \\ X_1 = 4 \quad X_2 = 0 \end{cases}$$

$$-3X_1 + 8X_2 = 11 \quad \rightarrow \quad \begin{cases} X_1 = 0 \qquad X_2 = 1,375 \\ X_1 = -3,66 \quad X_2 = 0 \end{cases}$$

$$2X_1 + 5X_2 = Z \quad \rightarrow \quad \begin{cases} Z = 10 \quad X_1 = 0 \quad X_2 = 2 \\ Z = 10 \quad X_1 = 5 \quad X_2 = 0 \end{cases}$$

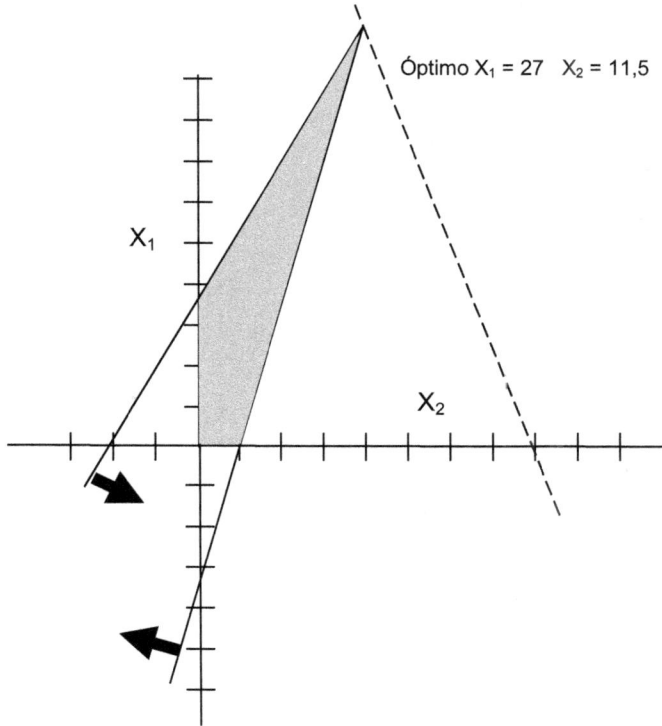

Óptimo $X_1 = 27$ $X_2 = 11,5$

Ejercicio 8

Resuelva el siguiente problema mediante el simplex tabular:

$$\text{Max}\ \{5\,X_1 - 7\,X_2\}$$

$$10\,X_1 + 3\,X_2 \leq 3$$

$$6\,X_1 - 2\,X_2 \leq 2$$

$$X_1 \geq 0 \qquad X_2 \geq 0$$

Solución

Añadiendo al modelo las variables de holgura que corresponden:

$$\text{Max}\ \{5\,X_1 - 7\,X_2\}$$

$$10\,X_1 + 3\,X_2 + 1S_1 = 3$$

$$6\,X_1 - 2\,X_2 + 1S_2 = 2$$

$$X_1 \geq 0 \qquad X_2 \geq 0$$

Siendo el coste reducido de las variables no básicas:

$$Z_j - C_j = C_B \cdot B^{-1} \cdot N - C_N$$

$$Z_j - C_j = C_B \cdot B^{-1} \cdot N - C_j = \begin{bmatrix} 0 & 0 \end{bmatrix} \cdot B^{-1} \cdot N - \begin{bmatrix} 5 & -7 \end{bmatrix} = \begin{bmatrix} -5 & 7 \end{bmatrix}$$

$$Z = C_B \cdot X_B = \begin{bmatrix} 0 & 0 \end{bmatrix} \cdot X_B = 0$$

	Z	X_1	X_2	S_1	S_2	
Z	1	- 5	7	0	0	0
S_1	0	10	3	1	0	3
S_2	0	6	- 2	0	1	2

Iteración 1 - Entra en la base X_1 ya que tiene el coste reducido negativo, y de todos los negativos, el mayor en valor absoluto. Sale de la base:

$$\text{Min}\left\{\frac{B^{-1}\,b}{Y_{X_1}}, Y_{X_1} > 0\right\} = \text{Min}\left\{\frac{3}{10}, \frac{2}{6}\right\} = \frac{3}{10} \ \rightarrow\ S_1$$

	Z	X_1	X_2	S_1	S_2	
Z	1	0	8,5	0,5	0	1,5
X_1	0	1	0,3	0,1	0	0,3
S_2	0	0	- 3,8	- 0,6	1	0,2

La solución hallada es óptima dado que ninguna variable puede entrar en la base y mejorar la solución actual, ya que el coste reducido de las variables no básicas es positivo y el problema es de maximización. La solución óptima:

$$X_1 = 0,3 \qquad X_2 = 0,2 \qquad Z = 1,5$$

Otra solución posible consiste en resolver el problema gráficamente:

$$10\,X_1 + 3\,X_2 = 3 \quad \rightarrow \quad \begin{cases} X_1 = 0 & X_2 = 1 \\ X_1 = 0,3 & X_2 = 0 \end{cases}$$

$$6\,X_1 - 2\,X_2 = 2 \quad \rightarrow \quad \begin{cases} X_1 = 0 & X_2 = -1 \\ X_1 = 0,33 & X_2 = 0 \end{cases}$$

$$5\,X_1 - 7\,X_2 = Z \quad \rightarrow \quad \begin{cases} Z = 35 & X_1 = 0 & X_2 = -5 \\ Z = 35 & X_1 = 7 & X_2 = 0 \end{cases}$$

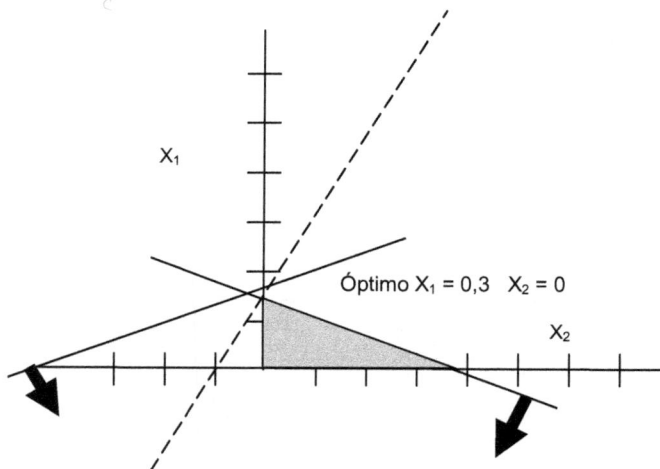

Óptimo $X_1 = 0,3$ $X_2 = 0$

Ejercicio 9

Tres productos son fabricados en una máquina. El tiempo de preparación de cada producto es de 2, 3 y 4 minutos respectivamente, y el tiempo de proceso de 3, 2 y 1 minutos. El beneficio aportado por cada producto es respectivamente de 12, 10 y 15 euros. Se dispone de 100 minutos de máquina y 200 para la preparación de la misma. Determine el número óptimo de unidades a fabricar de cada artículo.

Solución

Definición de las variables:

$$X_i = \text{Cantidad a fabricar del producto i}$$

$$\text{Max} \left\{ 12\,X_1 + 10\,X_2 + 15\,X_3 \right\}$$

$$2\,X_1 + 3\,X_2 + 4\,X_3 \leq 200$$

$$3\,X_1 + 2\,X_2 + 1\,X_3 \leq 100$$

$$X_1 \geq 0 \qquad X_2 \geq 0 \qquad X_3 \geq 0$$

Transformando las desigualdades en igualdades introduciendo variables holgura:

$$\text{Max} \left\{ 12\,X_1 + 10\,X_2 + 15\,X_3 \right\}$$

$$2\,X_1 + 3\,X_2 + 4\,X_3 + S_1 = 200$$

$$3\,X_1 + 2\,X_2 + 1\,X_3 + S_2 = 100$$

$$X_i \geq 0 \quad i = 1 \ldots 3$$

$$S_j \geq 0 \quad j = 1 \ldots 2$$

En primer lugar se calculan los costes reducidos de cada variable:

$$Z_j - C_j = C_B \cdot B^{-1} \cdot N - C_N = \begin{bmatrix} 0 & 0 \end{bmatrix} \cdot \begin{bmatrix} 2 & 3 & 4 \\ 3 & 2 & 1 \end{bmatrix} - \begin{bmatrix} 12 & 10 & 15 \end{bmatrix} = \begin{bmatrix} -12 & -10 & -15 \end{bmatrix}$$

Resolviendo mediante el método simplex tabular:

	Z	X_1	X_2	X_3	S_1	S_2	
Z	1	- 12	- 10	- 15	0	0	0
S_1	0	2	3	4	1	0	200
S_2	0	3	2	1	0	1	100

Iteración 1 - Entra en la base X_3 ya que tiene el coste reducido negativo, y de todos los negativos, el mayor en valor absoluto. Sale de la base:

$$\text{Min}\left\{\frac{B^{-1}\,b}{Y_{X_3}}, Y_{X_3} > 0\right\} = \text{Min}\left\{\frac{200}{4}, \frac{100}{1}\right\} = 50 \quad \rightarrow \quad S_1$$

	Z	X_1	X_2	X_3	S_1	S_2	
Z	1	- 4,5	1,25	0	3,75	0	750
X_3	0	0,5	0,75	1	0,25	0	50
S_2	0	2,5	1,25	0	- 0,25	1	50

Iteración 2 - Entra en la base X_1 ya que tiene el coste reducido negativo. Sale de la base:

$$\text{Min}\left\{\frac{B^{-1}\,b}{Y_{X_1}}, Y_{X_1} > 0\right\} = \text{Min}\left\{\frac{50}{0,5}, \frac{40}{2,5}\right\} = 16 \quad \rightarrow \quad S_2$$

	Z	X_1	X_2	X_3	S_1	S_2	
Z	1	0	3,5	0	3,3	1,8	840
X_3	0	0	0,5	1	0,3	- 0,2	40
X_1	0	1	0,5	0	- 0,1	0,4	20

No puede entrar ninguna variable en la base porque todas las variables tienen costes reducidos positivos y por lo tanto la solución obtenida en la tabla es la óptima:

$$X_1 = 20 \qquad X_2 = 0 \qquad X_3 = 40 \qquad Z = 840$$

Ejercicio 10

La siguiente tabla muestra la solución óptima de un problema de programación lineal, donde S_1 y S_2 son las variables de holgura de la primera y segunda restricciones del problema original.

	Z	X_1	X_2	X_3	S_1	S_2	
Z	1	0	3,5	0	3,3	1,8	840
X_3	0	0	0,5	1	0,3	- 0,2	40
X_1	0	1	0,5	0	- 0,1	0,4	20

1. Escriba el problema original

El problema original es de maximización dado que la tabla muestra la solución óptima y todos los costes reducidos de las variables no básicas son positivos.

$$Y_j = B^{-1} \cdot a_{ij}$$

$$Y_{X_1} = B^{-1} \cdot a_{X_1} \quad \rightarrow \quad \begin{bmatrix} 0 \\ 1 \end{bmatrix} = \begin{bmatrix} 0,3 & -0,2 \\ -0,1 & 0,4 \end{bmatrix} \cdot \begin{bmatrix} a_{11} \\ a_{21} \end{bmatrix} \quad \Rightarrow \quad \begin{bmatrix} a_{11} \\ a_{21} \end{bmatrix} = \begin{bmatrix} 2 \\ 3 \end{bmatrix}$$

$$Y_{X_2} = B^{-1} \cdot a_{X_2} \quad \rightarrow \quad \begin{bmatrix} 0,5 \\ 0,5 \end{bmatrix} = \begin{bmatrix} 0,3 & -0,2 \\ -0,1 & 0,4 \end{bmatrix} \cdot \begin{bmatrix} a_{12} \\ a_{22} \end{bmatrix} \quad \Rightarrow \quad \begin{bmatrix} a_{12} \\ a_{22} \end{bmatrix} = \begin{bmatrix} 3 \\ 2 \end{bmatrix}$$

$$Y_{X_3} = B^{-1} \cdot a_{X_3} \quad \rightarrow \quad \begin{bmatrix} 1 \\ 0 \end{bmatrix} = \begin{bmatrix} 0,3 & -0,2 \\ -0,1 & 0,4 \end{bmatrix} \cdot \begin{bmatrix} a_{13} \\ a_{23} \end{bmatrix} \quad \Rightarrow \quad \begin{bmatrix} a_{13} \\ a_{23} \end{bmatrix} = \begin{bmatrix} 4 \\ 1 \end{bmatrix}$$

A continuación calcula el término independiente:

$$X_B = B^{-1} \cdot b \quad \Rightarrow \quad \begin{bmatrix} 40 \\ 20 \end{bmatrix} = \begin{bmatrix} 0,3 & -0,2 \\ -0,1 & 0,4 \end{bmatrix} \cdot \begin{bmatrix} b_1 \\ b_2 \end{bmatrix} \quad \Rightarrow \quad \begin{bmatrix} b_1 \\ b_2 \end{bmatrix} = \begin{bmatrix} 200 \\ 100 \end{bmatrix}$$

Y los costes de las variables:

$$Z_j - C_j = C_B \cdot B^{-1} \cdot a_{ij} - C_N$$

$$S_1 \quad \rightarrow \quad 3,3 = \begin{bmatrix} C_{X_3} & C_{X_1} \end{bmatrix} \cdot \begin{bmatrix} 0,3 & -0,2 \\ -0,1 & 0,4 \end{bmatrix} \begin{bmatrix} 1 \\ 0 \end{bmatrix} - 0 \quad \Rightarrow \quad 3,3 = 0,3\,C_{X_3} - 0,1\,C_{X_1}$$

$$S_2 \rightarrow 1,8 = \begin{bmatrix} C_{X_3} & C_{X_1} \end{bmatrix} \cdot \begin{bmatrix} 0,3 & -0,2 \\ -0,1 & 0,4 \end{bmatrix} \cdot \begin{bmatrix} 0 \\ 1 \end{bmatrix} - 0 \Rightarrow 1,8 = -0,2\,C_{X_3} + 0,4\,C_{X_1}$$

$$\left. \begin{array}{l} 3,3 = 0,3\,C_{X_3} - 0,1\,C_{X_1} \\ 1,8 = -0,2\,C_{X_3} + 0,4\,C_{X_1} \end{array} \right\} \Rightarrow C_{X_3} = 15 \quad y \quad C_{X_1} = 12$$

$$X_2 \rightarrow 3,5 = \begin{bmatrix} C_{X_3} & C_{X_1} \end{bmatrix} \cdot \begin{bmatrix} 0,3 & -0,2 \\ -0,1 & 0,4 \end{bmatrix} \cdot \begin{bmatrix} 3 \\ 2 \end{bmatrix} - C_{X_2} \Rightarrow C_{X_2} = 10$$

Con todos estos datos puede formular el problema inicial:

$$\text{Max}\ \{12\,X_1 + 10\,X_2 + 15\,X_3\}$$

$$2\,X_1 + 3\,X_2 + 4\,X_3 \le 200$$

$$3\,X_1 + 2\,X_2 + 1\,X_3 \le 100$$

$$X_1 \ge 0 \qquad X_2 \ge 0 \qquad X_3 \ge 0$$

Otra solución posible consiste en reconstruir la tabla inicial a partir de la tabla final, para ello deberá convertir en básicas las variables holgura, variables que conforman la base inicial.

	Z	X_1	X_2	X_3	S_1	S_2	
Z	1	- 12	- 10	- 15	0	0	0
X_3	0	2	3	4	1	0	200
X_1	0	3	2	1	0	1	100

2. Formule el dual del problema original.

$$\text{Min}\ \{200\,W_1 + 100\,W_2\}$$

$$2\,W_1 + 3\,W_2 \ge 12$$

$$3\,W_1 + 2\,W_2 \ge 10$$

$$4\,W_1 + 1\,W_2 \ge 15$$

$$W_1,\ W_2 \ge 0$$

3. Halle la solución óptima del problema dual usando la tabla anterior.

$$W_1 = 3,3 \qquad W_2 = 1,8 \qquad Z = 840$$

El valor de las variables duales se corresponde con el valor del coste reducido de las variables de holgura.

Ejercicio 11

Resolver el siguiente programa lineal utilizando la técnica del simplex en su forma producto de la inversa, es decir, llevando la inversa de la base en cada iteración en forma de producto de matrices elementales:

$$\text{Min}\left\{-2\,X_1 - 3\,X_2\right\}$$

$$3\,X_1 + 2\,X_2 \leq 7$$

$$-2\,X_1 + 2\,X_2 \leq 2$$

$$X_1\,,X_2 \geq 0$$

Solución

Añadiendo al modelo las variables de holgura que corresponda, con la finalidad de expresar el modelo en formato estándar:

$$\text{Min}\left\{-2\,X_1 - 3\,X_2\right\}$$

$$3\,X_1 + 2\,X_2 + 1\,S_1 = 7$$

$$-2\,X_1 + 2\,X_2 + 1\,S_2 = 2$$

$$X_1\,,X_2 \geq 0$$

Iteración 1

$$X_B = B_1^{-1} \cdot b = \begin{bmatrix} 1 & 0 \\ 0 & 1 \end{bmatrix} \cdot \begin{bmatrix} 7 \\ 2 \end{bmatrix} = \begin{bmatrix} 7 \\ 2 \end{bmatrix} = \begin{bmatrix} S_1 \\ S_2 \end{bmatrix}$$

$$Z = C_B \cdot X_B = \begin{bmatrix} 0 & 0 \end{bmatrix} \cdot \begin{bmatrix} 7 \\ 2 \end{bmatrix} = 0$$

$$Z_j - C_j = C_B \cdot B_1^{-1} \cdot N - C_N = \begin{bmatrix} 0 & 0 \end{bmatrix} \cdot \begin{bmatrix} 1 & 0 \\ 0 & 1 \end{bmatrix} \cdot \begin{bmatrix} 3 & 2 \\ -2 & 2 \end{bmatrix} - \begin{bmatrix} -2 & -3 \end{bmatrix} = \begin{bmatrix} 2 & 3 \end{bmatrix}$$

Entra en la base X_2 ya que tiene el coste reducido positivo, y de todos los positivos el mayor. Sale de la base:

$$Y_{X_2} = B_1^{-1} \cdot A_{X_2} = \begin{bmatrix} 1 & 0 \\ 0 & 1 \end{bmatrix} \cdot \begin{bmatrix} 2 \\ 2 \end{bmatrix} = \begin{bmatrix} 2 \\ 2 \end{bmatrix}$$

$$\text{Min}\left\{ \frac{B^{-1} b}{Y_{X_2}}, Y_{X_2} > 0 \right\} = \text{Min}\left\{ \frac{7}{2}, \frac{2}{2} \right\} = \frac{2}{2} \quad \rightarrow \quad S_2$$

$$E_1 = \begin{bmatrix} -1 \\ 0,5 \end{bmatrix}$$

Iteración 2

$$X_B = B_2^{-1} \cdot b = E_1 \cdot b = \begin{bmatrix} 7 \\ 0 \end{bmatrix} + 2 \cdot \begin{bmatrix} -1 \\ 0,5 \end{bmatrix} = \begin{bmatrix} 5 \\ 1 \end{bmatrix} = \begin{bmatrix} S_1 \\ X_2 \end{bmatrix}$$

$$Z = C_B \cdot X_B = \begin{bmatrix} 0 & -3 \end{bmatrix} \cdot \begin{bmatrix} 5 \\ 1 \end{bmatrix} = -3$$

$$W = C_B \cdot B_2^{-1} = C_B \cdot E_1 = \begin{bmatrix} 0 & -3 \end{bmatrix} \cdot \begin{bmatrix} -1 \\ 0,5 \end{bmatrix} = \begin{bmatrix} 0 & -1,5 \end{bmatrix}$$

$$Z_j - C_j = W \cdot N - C_N = \begin{bmatrix} 0 & -1,5 \end{bmatrix} \cdot \begin{bmatrix} 3 & 1 \\ -2 & 0 \end{bmatrix} - \begin{bmatrix} -2 & 0 \end{bmatrix} = \begin{bmatrix} 5 & 0 \end{bmatrix}$$

Entra en la base X_1 ya que tiene el coste reducido positivo, y de todos los positivos el mayor. Sale de la base:

$$Y_{X_1} = B_2^{-1} \cdot A_{X_1} = \begin{bmatrix} 3 \\ 0 \end{bmatrix} - 2 \begin{bmatrix} -1 \\ 0,5 \end{bmatrix} = \begin{bmatrix} 5 \\ -1 \end{bmatrix}$$

$$\text{Min}\left\{ \frac{B^{-1} b}{Y_{X_1}}, Y_{X_1} > 0 \right\} = \text{Min}\left\{ \frac{5}{5}, - \right\} = \frac{5}{5} \quad \rightarrow \quad S_1$$

$$E_2 = \begin{bmatrix} 0,2 \\ 0,2 \end{bmatrix}$$

Iteración 3

$$X_B = B_3^{-1} \cdot b = E_2 \cdot b = \begin{bmatrix} 0 \\ 1 \end{bmatrix} + 5 \cdot \begin{bmatrix} 0,2 \\ 0,2 \end{bmatrix} = \begin{bmatrix} 1 \\ 2 \end{bmatrix} = \begin{bmatrix} X_1 \\ X_2 \end{bmatrix}$$

$$Z = C_B \cdot X_B = \begin{bmatrix} -2 & -3 \end{bmatrix} \cdot \begin{bmatrix} 1 \\ 2 \end{bmatrix} = -8$$

$$W = C_B \cdot B_3^{-1} = C_B \cdot E_2 \cdot E_1 = \begin{bmatrix} -2 & -3 \end{bmatrix} \cdot \begin{bmatrix} 0,2 \\ 0,2 \end{bmatrix} \cdot \begin{bmatrix} -1 \\ 0,5 \end{bmatrix} = \begin{bmatrix} -1 & -0,5 \end{bmatrix}$$

$$Z_j - C_j = W \cdot N - C_N = \begin{bmatrix} -1 & -0,5 \end{bmatrix} \cdot \begin{bmatrix} 1 & 0 \\ 0 & 1 \end{bmatrix} - \begin{bmatrix} 0 & 0 \end{bmatrix} = \begin{bmatrix} -1 & -0,5 \end{bmatrix}$$

La solución hallada es óptima dado que ninguna variable puede entrar en la base y mejorar la solución actual, ya que el coste reducido de las variables no básicas es negativo y el problema es de minimización. Siendo la solución óptima:

$$X_1 = 1 \qquad X_2 = 2 \qquad Z = -8$$

Ejercicio 12

Un fabricante de bebidas refrescantes está interesado en mezclar tres de sus actuales marcas de fábrica (marca 1, marca 2, marca 3) para obtener tres nuevos productos de alta calidad (Producto 1, Producto 2 y Producto 3), que desea vender al precio de 4, 3 y 2 euros por botella, respectivamente.

Sólo puede importar 2.000 botellas de la marca 1, 4.000 de la marca 2 y 1.000 de la marca 3, siendo el precio que debe pagar de 3, 2 y 1 euro por cada tipo de botella.

El fabricante requiere que el Producto 1 contenga como mínimo el 80% de la marca 1 y como máximo el 20% de la marca 3. El producto 2 deberá contener como mínimo el 20% de la marca 1 y no más del 80% de la marca 3. El producto 3 no podrá contener más del 70% de la marca 3.

Formule el modelo que permitirá al fabricante hallar las mezclas que le producirán el máximo beneficio.

Solución

Definición de las variables:

$$X_{ij} = \text{Cantidad de la marca i en el producto j}$$

Función objetivo:

$$\text{Máx} \begin{cases} 4 \cdot (X_{11} + X_{21} + X_{31}) + 3 \cdot (X_{12} + X_{22} + X_{32}) + 2 \cdot (X_{13} + X_{23} + X_{33}) - \\ 3 \cdot (X_{11} + X_{12} + X_{13}) - 2 \cdot (X_{21} + X_{22} + X_{23}) - 1 \cdot (X_{31} + X_{32} + X_{33}) \end{cases}$$

Restricciones de capacidad de importación:

$$X_{11} + X_{12} + X_{13} \leq 2.000$$

$$X_{21} + X_{22} + X_{23} \leq 4.000$$

$$X_{31} + X_{32} + X_{33} \leq 1.000$$

Requerimientos de cada uno de los productos:

$$X_{11} \geq 0,8 \cdot [X_{11} + X_{21} + X_{31}]$$

$$X_{31} \leq 0,2 \cdot [X_{11} + X_{21} + X_{31}]$$

$$X_{12} \geq 0,2 \cdot [X_{12} + X_{22} + X_{32}]$$

$$X_{32} \leq 0,8 \cdot [X_{12} + X_{22} + X_{32}]$$

$$X_{33} \leq 0,7 \cdot [X_{13} + X_{23} + X_{33}]$$

Condición de no negatividad de las variables:

$$X_{ij} \geq 0$$

Ejercicio 13

Un granjero tiene 600 acres de terreno y desea determinar el número de acres que asignará a cada una de las tres cosechas siguientes: tomates, pimientos y espinacas. Los días hombre, el coste de preparación y la ganancia por acre de cada una de las cosechas se muestran en la tabla siguiente:

Cosecha	Días hombre	Coste preparación	Beneficio
Tomates	5	12	6
Pimientos	8	18	12
Espinacas	13	14	10

Suponga que el número de días hombre disponibles es de 4.000, y que el granjero tiene 6.000 euros para preparación.

1. Determine si conviene contratar ayuda adicional a 6 euros por hora. Suponga una jornada laboral de 8 horas.

$$X_i \rightarrow \text{Acres dedicados al cultivo } i \qquad i = T, P, E$$

$$\text{Max } \{6\,X_T + 12\,X_P + 10\,X_E\}$$

$$\text{Restricción de días hombre disponibles} \rightarrow 5\,X_T + 8\,X_P + 13\,X_E \leq 4000$$

$$\text{Importe disponible para preparación} \rightarrow 12\,X_T + 18\,X_P + 14\,X_E \leq 6000$$

$$\text{Restricción de acres de terreno disponibles} \rightarrow X_T + X_P + X_E \leq 600$$

$$X_T, X_P, X_E \geq 0$$

Añadiendo al modelo las variables de holgura que corresponden:

$$\text{Max } \{6\,X_T + 12\,X_P + 10\,X_E\}$$

$$5\,X_T + 8\,X_P + 13\,X_E + 1\,S_1 = 4000$$

$$12\,X_T + 18\,X_P + 14\,X_E + 1\,S_2 = 6000$$

$$X_T + X_P + X_E + 1\,S_3 = 600$$

$$X_T, X_P, X_E \geq 0$$

Siendo el coste reducido de las variables no básicas:

$$Z_j - C_j = C_B \cdot B^{-1} \cdot N - C_N$$

$$Z_j - C_j = C_B \cdot B^{-1} \cdot N - C_j = \begin{bmatrix} 0 & 0 & 0 \end{bmatrix} \cdot B^{-1} \cdot N - \begin{bmatrix} 6 & 12 & 10 \end{bmatrix} = \begin{bmatrix} -6 & -12 & -10 \end{bmatrix}$$

$$Z = C_B \cdot X_B = \begin{bmatrix} 0 & 0 & 0 \end{bmatrix} \cdot X_B = 0$$

	Z	X_T	X_P	X_E	S_1	S_2	S_3	
Z	1	- 6	- 12	- 10	0	0	0	0
S_1	0	5	8	13	1	0	0	4000
S_2	0	12	18	14	0	1	0	6000
S_3	0	1	1	1	0	0	1	600

Iteración 1 - Entra en la base X_P ya que tiene el coste reducido negativo, y de todos los negativos, el mayor en valor absoluto. Sale de la base:

$$\text{Min}\left\{ \frac{B^{-1} b}{Y_{X_P}}, Y_{X_P} > 0 \right\} = \text{Min}\left\{ \frac{4000}{8}, \frac{6000}{18}, \frac{600}{1} \right\} = \frac{6000}{18} \rightarrow S_2$$

	Z	X_T	X_P	X_E	S_1	S_2	S_3	
Z	1	2	0	- 0,66	0	0,66	0	4000
S_1	0	- 0,33	0	6,77	1	- 0,4	0	1333
X_P	0	0,666	1	0,77	0	0,056	0	333,3
S_3	0	0,333	0	0,22	0	- 0,056	1	266,7

Iteración 2 - Entra en la base X_E ya que tiene el coste reducido negativo, y de todos los negativos, el mayor en valor absoluto. Sale de la base:

$$\text{Min}\left\{ \frac{B^{-1} b}{Y_{X_E}}, Y_{X_E} > 0 \right\} = \text{Min}\left\{ \frac{1333}{6,77}, \frac{333,3}{0,77}, \frac{266,7}{0,22} \right\} = \frac{1333}{6,77} \rightarrow S_1$$

	Z	X_T	X_P	X_E	S_1	S_2	S_3	
Z	1	1,97	0	0	0,098	0,623	0	4131,1
X_E	0	- 0,049	0	1	0,148	- 0,066	0	196,7
X_P	0	0,705	1	0	- 0,115	0,107	0	180,3
S_3	0	0,344	0	0	- 0,033	- 0,041	1	223

La solución hallada es óptima dado que ninguna variable puede entrar en la base y mejorar la solución actual, ya que el coste reducido de las variables no básicas es positivo y el problema es de maximización. La solución óptima consiste en dedicar 196,7 acres de terreno al cultivo de las espinacas, y 180,3 acres al cultivo de los pimientos, alcanzándose un beneficio de 4.131 euros.

$$Z = C_B \cdot X_B = C_B \cdot B^{-1} \cdot b = W \cdot b$$

$\dfrac{dz}{db_1} = 0,098 \rightarrow$ Beneficio adicional por la adquisición de una unidad extra de recurso 1

Cada día hombre (8 horas) de ayuda adicional proporciona un beneficio adicional de 0,098 euros a un coste de 48 euros día, por tanto no interesa contratar ayuda adicional.

Coste (48 euros) > Beneficio (0,098 euros)

2. Suponga que el granjero tiene un contrato para entregar al menos el equivalente a 200 acres de tomate, use análisis de la sensibilidad para encontrar la nueva solución óptima.

Incorporando la nueva restricción $X_T \geq 200$ a la tabla óptima, resulta:

	Z	X_T	X_P	X_E	S_1	S_2	S_3	S_4	
Z	1	1,97	0	0	0,098	0,623	0	0	4131,1
X_E	0	- 0,049	0	1	0,148	- 0,066	0	0	196,7
X_P	0	0,705	1	0	- 0,115	0,107	0	0	180,3
S_3	0	0,344	0	0	- 0,033	- 0,041	1	0	223
S_4	0	- 1	0	0	0	0	0	1	- 200

La solución resultante si bien es óptima dado que todos los costes reducidos son positivos y el problema es de maximización, no es factible dado que no cumple con la condición de no negatividad de las variables. Para reconstruir la factibilidad debe aplicar el método simplex dual.

Iteración 1 - Sale de la base S_4 ya que su valor es negativo (no es factible). Entra de la base:

$$\text{Min} \left\{ \frac{Z_j - C_j}{a_{S_4, j}} , a_{S_4, j} < 0 \right\} = \text{Min} \left\{ \frac{1,97}{1} , - , - \right\} = 1,97 \rightarrow X_T$$

	Z	X_T	X_P	X_E	S_1	S_2	S_3	S_4	
Z	1	0	0	0	0,098	0,623	0	- 1.97	3737,1
X_E	0	0	0	1	0,148	- 0,066	0	0,049	206,5
X_P	0	0	1	0	- 0,115	0,107	0	- 0,705	39,3
S_3	0	0	0	0	- 0,033	- 0,041	1	- 0,344	154,2
X_T	0	1	0	0	0	0	0	1	200

La solución hallada es óptima y factible. La solución óptima consiste en dedicar 206,5 acres de terreno al cultivo de las espinacas, 39,3 acres al cultivo de pimientos, y 200 acres al cultivo de tomates, alcanzándose un beneficio de 3.737,1 euros.

Ejercicio 14

Una empresa ensambla un producto que consta de tres piezas denominadas AA, BB, y CC. Las piezas AA y BB las fabrica la propia empresa, mientras que las piezas CC las compra a otro fabricante. Los tiempos de proceso, en horas, requeridos por cada pieza en cada uno de los procesos vienen dados en la tabla siguiente:

	Proceso 1	Proceso 2	Proceso 3	Proceso 4	Proceso 5
AA	1	0,5	0,5		
BB	1,5		0,5	0,5	0,5

La empresa dispone de 20 máquinas que pueden realizar el proceso 1, 5 el proceso 2, 10 el proceso 3, 5 el proceso 4 y 5 el proceso 5. Cada máquina trabaja un máximo de cinco días cada semana a razón de cincuenta semanas al año, en jornadas laborables de 8 horas diarias. Determine el número máximo de conjuntos ensamblados que puede producir.

Solución

	Horas anuales disponibles
Proceso 1	20 x 2000 = 40.000 horas
Proceso 2	5 x 2000 = 10.000 horas
Proceso 3	10 x 2000 = 20.000 horas
Proceso 4	3 x 2000 = 6.000 horas
Proceso 5	6 x 2000 = 12.000 horas

Definición de las variables:

$$X_i = \text{Número de unidades a fabricar de la pieza } i \quad i = AA, BB, CC$$

$$\text{Max } \{X_{AA}\} = \text{Max } \{X_{BB}\} = \text{Max } \{X_{CC}\}$$

$$\text{Capacidad disponible} \rightarrow \begin{cases} \text{Proceso 1} & \rightarrow & 1 \cdot X_{AA} + 1,5 \cdot X_{BB} \leq 40.000 \\ \text{Proceso 2} & \rightarrow & 0,5 \cdot X_{AA} + 0,0 \cdot X_{BB} \leq 10.000 \\ \text{Proceso 3} & \rightarrow & 0,5 \cdot X_{AA} + 0,5 \cdot X_{BB} \leq 20.000 \\ \text{Proceso 4} & \rightarrow & 0,0 \cdot X_{AA} + 0,5 \cdot X_{BB} \leq 6.000 \\ \text{Proceso 5} & \rightarrow & 0,0 \cdot X_{AA} + 0,5 \cdot X_{BB} \leq 12.000 \end{cases}$$

$$\text{Restricción de montaje} \rightarrow X_{AA} = X_{BB} = X_{CC}$$

$$\text{No negatividad de las variables} \rightarrow X_{AA}, X_{BB}, X_{CC} \geq 0$$

A partir de la restricción de montaje puede rescribirse el modelo:

$$\text{Max}\{X_{AA}\}$$

$$\text{Proceso 1} \quad \rightarrow \quad 2,5 \cdot X_{AA} \leq 40.000 \quad \Rightarrow \quad X_{AA} \leq 16.000$$

$$\text{Proceso 2} \quad \rightarrow \quad 0,5 \cdot X_{AA} \leq 10.000 \quad \Rightarrow \quad X_{AA} \leq 20.000$$

$$\text{Proceso 3} \quad \rightarrow \quad 1 \cdot X_{AA} \leq 20.000 \quad \Rightarrow \quad X_{AA} \leq 20.000$$

$$\text{Proceso 4} \quad \rightarrow \quad 0,5 \cdot X_{AA} \leq 6.000 \quad \Rightarrow \quad X_{AA} \leq 12.000$$

$$\text{Proceso 5} \quad \rightarrow \quad 0,5 \cdot X_{AA} \leq 12.000 \quad \Rightarrow \quad X_{AA} \leq 24.000$$

$$\text{No negatividad de las variables} \quad \rightarrow \quad X_{AA} \geq 0$$

De donde X_{AA} = 12.000. Por lo tanto, se fabricarán 12.000 conjuntos que contengan las piezas AA, BB y CC ensambladas.

Ejercicio 15

Se desea planificar la producción de dos productos XA y ZA. La demanda prevista para los próximos meses viene dada en la tabla siguiente:

	Enero	Febrero	Marzo	Abril
Producto XA	300	600	600	500
Producto ZA	700	500	800	500

El inventario a principios de año de los productos XA y ZA es de 100 y 200 respectivamente. Al finalizar el horizonte de planificación se desea disponer al menos de 300 unidades del producto ZA. Los costes de almacenaje de los productos XA y ZA son respectivamente de 2 euros y 1 euro por unidad almacenada y mes. Debido a limitaciones de espacio, la cantidad de productos almacenados no puede exceder de 300 unidades mensuales. La cantidad máxima que puede fabricarse mensualmente es de 400 unidades de XA y 700 de ZA. Formule el problema de de planificación de la producción teniendo como objetivo minimizar el coste total de inventario.

Solución

Definición de las variables:

$$X_{ij} = \text{Unidades fabricadas del producto i en el mes j}$$

$$S_{ij} = \text{Inventario disponible del producto i a finales del mes j}$$

$$i = XA, ZA \qquad j = \text{enero, febrero, marzo, abril}$$

Función objetivo:

$$\text{Min} \left\{ \left[2 \times \sum_{j=\text{enero}}^{\text{abril}} S_{XA,\,j} \right] + \left[1 \times \sum_{j=\text{enero}}^{\text{abril}} S_{ZA,\,j} \right] \right\}$$

Restricciones de inventario del producto XA:

$$S_{XA,\,\text{enero}} = 100 + X_{XA,\,\text{enero}} - 300$$

$$S_{XA,\,\text{febrero}} = S_{XA,\,\text{enero}} + X_{XA,\,\text{febrero}} - 600$$

$$S_{XA,\,\text{marzo}} = S_{XA,\,\text{febrero}} + X_{XA,\,\text{marzo}} - 600$$

$$S_{XA,\,\text{abril}} = S_{XA,\,\text{marzo}} + X_{XA,\,\text{abril}} - 500$$

Restricciones de inventario del producto ZA:

$$S_{ZA,\,enero} = 200 + X_{ZA,\,enero} - 700$$

$$S_{ZA,\,febrero} = S_{ZA,\,enero} + X_{ZA,\,febrero} - 500$$

$$S_{ZA,\,marzo} = S_{ZA,\,febrero} + X_{ZA,\,marzo} - 800$$

$$S_{ZA,\,abril} = S_{ZA,\,marzo} + X_{ZA,\,abril} - 500$$

Restricciones de inventario disponible del producto ZA a finales del mes de abril:

$$S_{ZA,\,abril} \geq 300$$

Restricciones de capacidad máxima de producción mensual:

$$X_{XA,\,j} \leq 400$$

$$j = enero,\ febrero,\ marzo,\ abril$$

$$X_{ZA,\,j} \leq 700$$

Restricciones de capacidad de almacenamiento:

$$S_{XA,\,enero} + S_{ZA,\,enero} \leq 300$$

$$S_{XA,\,febrero} + S_{ZA,\,febrero} \leq 300$$

$$S_{XA,\,marzo} + S_{ZA,\,marzo} \leq 300$$

$$S_{XA,\,abril} + S_{ZA,\,abril} \leq 300$$

Condición de no negatividad de las variables:

$$X_{ij} \geq 0$$

Ejercicio 16

Dado el siguiente problema de programación lineal:

$$\text{Maximizar } 2\,X_1 + 1\,X_2 - 1\,X_3$$

$$1\,X_1 + 1\,X_2 + 2\,X_3 \le 6$$

$$1\,X_1 + 4\,X_2 - 1\,X_3 \le 4$$

$$X_1, X_2, X_3 \ge 0$$

1. Determine la solución óptima evaluando la función objetivo en los puntos extremos del conjunto de restricciones. Muestre que este método es válido en este problema.

$$\text{Si } X_1 = 0 \;\Rightarrow\; \left. \begin{cases} 1\,X_2 + 2\,X_3 = 6 \\ 4\,X_2 - 1\,X_3 = 4 \end{cases} \right\} \;\Rightarrow\; X_2 = \frac{14}{9} \quad X_3 = \frac{20}{9} \quad Z = -\frac{6}{9}$$

$$\text{Si } X_2 = 0 \;\Rightarrow\; \left. \begin{cases} 1\,X_1 + 2\,X_3 = 6 \\ 1\,X_1 - 1\,X_3 = 4 \end{cases} \right\} \;\Rightarrow\; X_1 = \frac{14}{3} \quad X_3 = \frac{2}{3} \quad Z = \frac{26}{3}$$

$$\text{Si } X_3 = 0 \;\Rightarrow\; \left. \begin{cases} 1\,X_1 + 1\,X_2 = 6 \\ 1\,X_1 + 4\,X_2 = 4 \end{cases} \right\} \;\Rightarrow\; X_1 = \frac{20}{3} \quad X_2 = -\frac{2}{3}$$

Este último punto no es factible dado que no cumple la condición de no negatividad de las variables $X_2 < 0$. Entre los dos puntos restantes el óptimo es:

$$X_1 = \frac{14}{3} \qquad X_2 = 0 \qquad X_3 = \frac{2}{3} \qquad Z = \frac{26}{3}$$

Este método de solución puede utilizarse en este caso porque el conjunto está acotado.

Puede comprobarse que dicho punto es el óptimo resolviendo el problema mediante el método simplex:

	Z	X_1	X_2	X_3	S_1	S_2	
Z	1	-2	-1	1	0	0	0
S_1	0	1	1	2	1	0	6
S_2	0	1	4	-1	0	1	4

Iteración 1 - Entra en la base X_1 ya que tiene el coste reducido negativo, y de todos los negativos, el mayor en valor absoluto. Sale de la base:

$$\text{Min}\left\{ \frac{B^{-1}\,b}{Y_{X_1}}, Y_{X_1} > 0 \right\} = \text{Min}\left\{ \frac{6}{1}, \frac{4}{1} \right\} = 4 \;\rightarrow\; S_2$$

	Z	X_1	X_2	X_3	S_1	S_2	
Z	1	0	7	-1	0	2	8
S_1	0	0	-3	3	1	-1	2
X_1	0	1	4	-1	0	1	4

Iteración 2 - Entra en la base X_3 ya que tiene el coste reducido negativo. Sale de la base:

$$\text{Min}\left\{\frac{B^{-1}\,b}{Y_{X_3}}, Y_{X_3} > 0\right\} = \text{Min}\left\{\frac{2}{3}, \text{Infactible}\right\} = \frac{2}{3} \;\rightarrow\; S_1$$

	Z	X_1	X_2	X_3	S_1	S_2	
Z	1	0	6	0	1/3	5/3	26/3
X_3	0	0	-1	1	1/3	-1/3	2/3
X_1	0	1	3	0	1/3	2/3	14/3

La solución que muestra la tabla es la óptima dado que todos los costes reducidos son positivos, y por lo tanto, ninguna variable puede entrar en la base con el objetivo de mejorar la solución actual. Esta solución, obviamente, se corresponde con la hallada anteriormente mediante la aplicación del método de los puntos extremos.

2. Si reemplaza la primera restricción por $X_1 + X_2 - 2\,X_3 \leq 6$ ¿puede usar el método de los puntos extremos para encontrar el punto óptimo? Explique por qué.

$$\text{Si } X_1 = 0 \;\Rightarrow\; \left\{\begin{matrix} 1\,X_2 - 2\,X_3 = 6 \\ 4\,X_2 - 1\,X_3 = 4 \end{matrix}\right\} \;\Rightarrow\; X_3 = -\frac{20}{7}$$

Este punto no es factible dado que no cumple la condición de no negatividad de las variables $X_3 < 0$.

$$\text{Si } X_2 = 0 \;\Rightarrow\; \left\{\begin{matrix} 1\,X_1 - 2\,X_3 = 6 \\ 1\,X_1 - 1\,X_3 = 4 \end{matrix}\right\} \;\Rightarrow\; X_3 = -2$$

Este punto tampoco es factible, no cumple la condición de no negatividad de las variables $X_3 < 0$.

$$\text{Si } X_3 = 0 \;\Rightarrow\; \left\{\begin{matrix} X_1 + X_2 = 6 \\ X_1 + 4\,X_2 = 4 \end{matrix}\right\} \;\Rightarrow\; X_2 = -\frac{2}{3}$$

No cumple la condición de no negatividad de las variables $X_2 < 0$.

En todos los puntos extremos alguna de las variables no cumple la condición de no negatividad, y por lo tanto, ninguna de las soluciones es válida. En este caso no puede usarse el método de los puntos extremos dado que al cambiar la restricción el conjunto queda abierto y por lo tanto no está acotado.

Ejercicio 17

Una empresa vende tres tipos de productos (1, 2 y 3). El producto 1 está formado por los componentes A y B. El producto 2 consta de 2 unidades de A, 1 unidad de B y 2 unidades de C. Por último, el producto 3 está integrado por 2 unidades de A, 1 unidad de B y 1 unidad de C. Se dispone de 95.000 unidades del componente A, 80.000 del B y 60.000 del C. El coste de cada componente A es de 20 euros, el coste de cada componente B es de 30 euros, y el coste de cada componente C es de 10 euros. El precio de venta de los productos 1, 2 y 3, es respectivamente de 60, 120 y 100 euros. Formule y resuelva el programa lineal que maximiza el beneficio.

Solución

$$X_i: \text{cantidad de producto i} \quad i = 1,\ldots, 3$$

Beneficio producto 1 = $\quad 60\,X_1 - 20\,X_1 - 30\,X_1 = 10\,X_1$

Beneficio producto 2 = $\quad 120\,X_2 - 40\,X_2 - 30\,X_2 - 20\,X_2 = 30\,X_2$

Beneficio producto 3 = $\quad 100\,X_3 - 40\,X_3 - 30\,X_3 - 10\,X_3 = 20\,X_3$

$$\text{Max} \left\{ 10\,X_1 + 30\,X_2 + 20\,X_3 \right\}$$

$$1\,X_1 + 2\,X_2 + 2\,X_3 \leq 95000$$

$$1\,X_1 + 1\,X_2 + 1\,X_3 \leq 80000$$

$$2\,X_2 + 1\,X_3 \leq 60000$$

$$X_i \geq 0 \quad i = 1\ldots 3$$

Añadiendo al modelo las variables de holgura que corresponden:

$$\text{Max} \left\{ 10\,X_1 + 30\,X_2 + 20\,X_3 \right\}$$

$$1\,X_1 + 2\,X_2 + 2\,X_3 + 1\,S_1 = 95000$$

$$1\,X_1 + 1\,X_2 + 1\,X_3 + 1\,S_2 = 80000$$

$$2\,X_2 + 1\,X_3 + 1\,S_3 = 60000$$

$$X_i \geq 0 \quad i = 1\ldots 3$$

Siendo el coste reducido de las variables no básicas:

$$Z_j - C_j = C_B \cdot B^{-1} \cdot N - C_N$$

$$Z_j - C_j = C_B \cdot B^{-1} \cdot N - C_j = \begin{bmatrix} 0 & 0 & 0 \end{bmatrix} \cdot B^{-1} \cdot N - \begin{bmatrix} 10 & 30 & 20 \end{bmatrix} = \begin{bmatrix} -10 & -30 & -20 \end{bmatrix}$$

$$Z = C_B \cdot X_B = \begin{bmatrix} 0 & 0 & 0 \end{bmatrix} \cdot X_B = 0$$

	Z	X_1	X_2	X_3	S_1	S_2	S_3	
Z	1	- 10	- 30	- 20	0	0	0	0
S_1	0	1	2	2	1	0	0	95000
S_2	0	1	1	1	0	1	0	80000
S_3	0	0	2	1	0	0	1	60000

Iteración 1 - Entra en la base X_2 ya que tiene el coste reducido negativo, y de los negativos, el mayor en valor absoluto. Sale de la base:

$$\text{Min} \left\{ \frac{B^{-1} b}{Y_{X_2}}, Y_{X_2} > 0 \right\} = \text{Min} \left\{ \frac{95000}{2}, \frac{80000}{1}, \frac{60000}{2} \right\} = \frac{60000}{2} \quad \rightarrow \quad S_3$$

	Z	X_1	X_2	X_3	S_1	S_2	S_3	
Z	1	- 10	0	- 5	0	0	15	900000
S_1	0	1	0	1	1	0	- 1	35000
S_2	0	1	0	0,5	0	1	- 0,5	50000
X_2	0	0	1	0,5	0	0	0,5	30000

Iteración 2 - Entra en la base X_1 ya que tiene el coste reducido negativo, y de los negativos, el mayor en valor absoluto. Sale de la base:

$$\text{Min} \left\{ \frac{B^{-1} b}{Y_{X_1}}, Y_{X_1} > 0 \right\} = \text{Min} \left\{ \frac{35000}{1}, \frac{50000}{1}, - \right\} = 35000 \quad \rightarrow \quad S_1$$

	Z	X_1	X_2	X_3	S_1	S_2	S_3	
Z	1	0	0	5	10	0	5	1250000
X_1	0	1	0	1	1	0	- 1	35000
S_2	0	0	0	- 0,5	- 1	1	0,5	15000
X_2	0	0	1	0,5	0	0	0,5	30000

No puede entrar ninguna variable en la base y mejorar la solución actual dado que el coste reducido de todas las variables no básicas es positivo y el problema es de maximización. La solución es pues óptima, resultando las siguientes cantidades para cada uno de los tres productos:

$$X_1 = 35.000 \text{ unidades} \qquad X_2 = 30.000 \text{ unidades} \qquad X_3 = 0 \text{ unidades}$$

Cantidades con las que se alcanza un beneficio de: $Z = 1.250.000$ euros

Ejercicio 18

Una empresa fabrica tres tipos de helados utilizando leche y nata. Para el próximo mes dispone de 75 unidades de leche y 100 de nata. Los coeficientes técnicos y los costes se muestran en la tabla siguiente:

	Euros/Ud.	Helado 1		Helado 2		Helado 3	
		Uds.	Euros	Uds.	Euros	Uds.	Euros
Leche	2	4	8	3	6	2	4
Nata	1	1	1	2	2	3	3
Otros costes			6		5		8
Total costes			15		13		15
Precio venta			20		20		18
Beneficio unitario			5		7		3

Como mínimo se han de fabricar 20 helados. El plan de producción mensual se ha obtenido a partir del siguiente programa lineal:

$$\text{Maximizar} \left\{ 5\,X_1 + 7\,X_2 + 3\,X_3 \right\}$$

$$4\,X_1 + 3\,X_2 + 2\,X_3 \leq 75$$

$$1\,X_1 + 2\,X_2 + 3\,X_3 \leq 100$$

$$1\,X_1 + 1\,X_2 + 1\,X_3 \geq 20$$

$$X_i \geq 0 \qquad i = 1\ldots 3$$

Resultando la siguiente solución óptima:

	Z	X_1	X_2	X_3	S_1	S_2	E_1	A_1
Z	1	4,333	0	1,666	2,333	0	0	0
E_1	0	0,333	0	- 0,3	0,333	0	1	- 1
S_2	0	- 1,67	0	1,667	- 0,6	1	0	0
X_2	0	1,333	1	0,666	0,333	0	0	0

Con estos datos, determine:

1. El plan de producción si en lugar de disponer de 75 unidades de leche dispone únicamente de 50.

$$X_B = B^{-1} \cdot b = \begin{bmatrix} 0,33 & 0 & -1 \\ -0,66 & 1 & 0 \\ 0,33 & 0 & 0 \end{bmatrix} \cdot \begin{bmatrix} 50 \\ 100 \\ 20 \end{bmatrix} = \begin{bmatrix} -3,33 \\ 66,66 \\ 16,66 \end{bmatrix}$$

$$Z = C_B \cdot X_B = \begin{bmatrix} 0 & 0 & 7 \end{bmatrix} \cdot \begin{bmatrix} -3,33 \\ 66,66 \\ 16,66 \end{bmatrix} = 116,66$$

Si en lugar de disponer de 75 unidades de leche solamente dispone de 50, se destruye la factibilidad del primal, para recuperarla debe aplicar el método simplex dual:

	Z	X_1	X_2	X_3	S_1	S_2	E_1	A_1	
Z	1	4,33	0	1,66	2,33	0	0	0	116,6
E_1	0	0,33	0	- 0,3	0,33	0	1	- 1	- 3,3
S_2	0	- 1,6	0	1,66	- 0,6	1	0	0	66,6
X_2	0	1,33	1	0,66	0,33	0	0	0	16,6

Iteración 1 - Sale de la base E_1 ya que su valor es negativo (no es factible). Entra de la base:

$$\text{Min} \left\{ \frac{Z_j - C_j}{a_{E_1,\,j}}, a_{E_1,\,j} < 0 \right\} = \text{Min} \left\{ -, \frac{1,66}{0,33}, - \right\} = \frac{1,66}{0,33} \quad \rightarrow \quad X_3$$

	Z	X_1	X_2	X_3	S_1	S_2	E_1	A_1	
Z	1	6	0	0	4	0	5	- 5	100
X_3	0	- 1	0	1	- 1	0	- 3	3	10
S_2	0	0	0	0	1	1	5	- 5	50
X_2	0	2	1	0	1	0	2	- 2	10

La solución hallada es óptima dado que ninguna variable puede entrar en la base y mejorar la solución actual, ya que el coste reducido de las variables no básicas es positivo y el problema es de maximización. La solución óptima consiste en fabricar 10 unidades del helado 2 y 10 del helado 3, alcanzándose un beneficio de 100 euros.

2. En la pregunta anterior, ¿Qué puede decir sobre la solución del dual?

PRIMAL	DUAL
Maximizar $\{5\,X_1 + 7\,X_2 + 3\,X_3\}$	Minimizar $\{50\,W_1 + 100\,W_2 + 20\,W_3\}$
$4\,X_1 + 3\,X_2 + 2\,X_3 \leq 50$	$4\,W_1 + 1\,W_2 + 1\,W_3 \geq 5$
$1\,X_1 + 2\,X_2 + 3\,X_3 \leq 100$	$3\,W_1 + 2\,W_2 + 1\,W_3 \geq 7$
$1\,X_1 + 1\,X_2 + 1\,X_3 \geq 20$	$2\,W_1 + 3\,W_2 + 1\,W_3 \geq 3$
$X_i \geq 0 \qquad i = 1\ldots 3$	$W_1 \geq 0 \qquad W_2 \geq 0 \qquad W_3 \leq 0$

Siendo la solución del dual:

$$S_1 = 0 \quad \Rightarrow \quad \text{Re curso escaso} \quad \Rightarrow \quad W_1 \neq 0 \quad W_1 = 4$$

$$S_2 = 50 \quad \Rightarrow \quad \text{Re curso libre} \quad \Rightarrow \quad W_2 = 0$$

$$E_1 = 0 \quad \Rightarrow \quad \text{Re curso escaso} \quad \Rightarrow \quad W_3 \neq 0 \quad W_3 = -5$$

3. Cómo se verá afectado el plan de producción si un convenio firmado con los productores de leche obliga a utilizar las 75 unidades de leche disponibles.

El plan de producción no se verá afectado ya que en el óptimo esto ya se cumple, $S_1 = 0$, la leche es un recurso escaso.

4. La solución obtenida en la pregunta anterior es única o múltiple.

La solución óptima hallada es única dado que los costes reducidos de las variables no básicas son todos diferentes de cero.

5. A qué precio resulta interesante vender helados del tipo 1.

$$Z_{X_1} - C_{X_1} = C_B \cdot B^{-1} \cdot A_{X_1} - C_{X_1}$$

$$Z_{X_1} - C_{X_1} = \begin{bmatrix} 0 & 0 & 7 \end{bmatrix} \cdot \begin{bmatrix} 0,33 & 0 & -1 \\ -0,66 & 1 & 0 \\ 0,33 & 0 & 0 \end{bmatrix} \cdot \begin{bmatrix} 4 \\ 1 \\ 1 \end{bmatrix} - C_{X_1} = 9,33 - C_{X_1}$$

$$Z_{X_1} - C_{X_1} \leq 0 \quad \Rightarrow \quad 9,33 - C_{X_1} \leq 0 \quad \Rightarrow \quad C_{X_1} \geq 9,33$$

$$P_{X_1} - 15 \geq 9,33 \quad \Rightarrow \quad P_{X_1} \geq 24,33 \text{ euros}$$

6. A qué precio resulta interesante vender helados del tipo 3.

$$Z_{X_3} - C_{X_3} = C_B \cdot B^{-1} \cdot A_{X_3} - C_{X_3}$$

$$Z_{X_3} - C_{X_3} = \begin{bmatrix} 0 & 0 & 7 \end{bmatrix} \cdot \begin{bmatrix} 0,33 & 0 & -1 \\ -0,66 & 1 & 0 \\ 0,33 & 0 & 0 \end{bmatrix} \cdot \begin{bmatrix} 2 \\ 3 \\ 1 \end{bmatrix} - C_{X_3} = 4,66 - C_{X_3}$$

$$Z_{X_3} - C_{X_3} \le 0 \implies 4,66 - C_{X_3} \le 0 \implies C_{X_3} \ge 4,66$$

$$P_{X_3} - 15 \ge 4,66 \implies P_{X_3} \ge 19,66 \text{ euros}$$

A partir de 19.66 euros la unidad resulta interesante fabricar y vender helados del tipo 3.

7. El precio a partir del cual no resulta interesante producir 25 helados del tipo 2.

$$X_B = B^{-1} \cdot b = \begin{bmatrix} 0,33 & 0 & -1 \\ -0,66 & 1 & 0 \\ 0,33 & 0 & 0 \end{bmatrix} \begin{bmatrix} 75 \\ 100 \\ 20 \end{bmatrix} = \begin{bmatrix} 5 \\ 50 \\ 25 \end{bmatrix} = \begin{bmatrix} E_1 \\ S_2 \\ X_2 \end{bmatrix}$$

$$Z_N - C_N = C_B \cdot B^{-1} \cdot N - C_N$$

$$Z_N - C_N = \begin{bmatrix} 0 & 0 & C_{X_2} \end{bmatrix} \cdot \begin{bmatrix} 0,33 & 0 & -1 \\ -0,66 & 1 & 0 \\ 0,33 & 0 & 0 \end{bmatrix} \cdot \begin{bmatrix} 4 & 2 & 1 \\ 1 & 3 & 0 \\ 1 & 1 & 0 \end{bmatrix} - \begin{bmatrix} 5 & 3 & 0 \end{bmatrix}$$

$$Z_N - C_N = \begin{bmatrix} 1,33 \cdot C_{X_2} - 5 & 0,66 \cdot C_{X_2} - 3 & 0,33 \cdot C_{X_2} \end{bmatrix}$$

$$\text{Análisis variable } X_1 \quad \rightarrow \quad Z_{X_1} - C_{X_1} \le 0 \implies 1,33 \cdot C_{X_2} - 5 \le 0 \implies C_{X_2} \le 3,75$$

$$\text{Análisis variable } X_3 \quad \rightarrow \quad Z_{X_3} - C_{X_3} \le 0 \implies 0,66 \cdot C_{X_2} - 3 \le 0 \implies C_{X_2} \le 4,50$$

$$P_{X_2} - 13 \le 4,50 \implies P_{X_2} \le 17,50 \text{ euros}$$

Con precios inferiores a 17,50 euros la unidad de helado 2, no resulta interesante producir helados del tipo 2.

8. Plantear la última tabla del dual.

El dual del problema original:

$$\text{Minimizar} \left\{ 75\ W_1 + 100\ W_2 + 20\ W_3 \right\}$$

$$4\ W_1 + 1\ W_2 + 1\ W_3 \geq 5$$

$$3\ W_1 + 2\ W_2 + 1\ W_3 \geq 7$$

$$2\ W_1 + 3\ W_2 + 1\ W_3 \geq 3$$

$$W_1 \geq 0 \qquad W_2 \geq 0 \qquad W_3 \leq 0$$

Siendo la solución del dual:

$$S_1 = 0 \quad \Rightarrow \quad \text{Re curso escaso} \quad \Rightarrow \quad W_1 \neq 0 \quad W_1 = 2{,}33$$

$$S_2 = 50 \quad \Rightarrow \quad \text{Re curso libre} \quad \Rightarrow \quad W_2 = 0$$

$$E_1 = 5 \quad \Rightarrow \quad \text{Re curso libre} \quad \Rightarrow \quad W_3 = 0$$

De donde:

$$Z = 75\ W_1 + 100\ W_2 + 20\ W_3 = 75 \cdot 2{,}33 + 100 \cdot 0 + 20 \cdot 0 = 175$$

$$E_1 = 4\ W_1 + 1\ W_2 + 1\ W_3 - 5 = 4 \cdot 2{,}33 + 1 \cdot 0 + 1 \cdot 0 - 5 = 4{,}33$$

$$E_2 = 3\ W_1 + 2\ W_2 + 1\ W_3 - 7 = 3 \cdot 2{,}33 + 2 \cdot 0 + 2 \cdot 0 - 7 = 0$$

$$E_3 = 2\ W_1 + 3\ W_2 + 1\ W_3 - 3 = 2 \cdot 2{,}33 + 3 \cdot 0 + 1 \cdot 0 - 3 = 1{,}66$$

Siendo la solución del primal:

$$X_B = B^{-1} \cdot b = \begin{bmatrix} 0{,}33 & 0 & -1 \\ -0{,}66 & 1 & 0 \\ 0{,}33 & 0 & 0 \end{bmatrix} \cdot \begin{bmatrix} 75 \\ 100 \\ 20 \end{bmatrix} = \begin{bmatrix} 5 \\ 50 \\ 25 \end{bmatrix} = \begin{bmatrix} E_1 \\ S_2 \\ X_2 \end{bmatrix}$$

$$Z = C_B \cdot X_B = \begin{bmatrix} 0 & 0 & 7 \end{bmatrix} \cdot \begin{bmatrix} 5 \\ 50 \\ 25 \end{bmatrix} = 175$$

La última tabla del dual:

	Z	W_1	W_2	W_3	E_1	E_2	E_3	
Z	1	0	- 50	- 5	0	- 25	0	175
W_1	0	1	0,66	- 0,3	0	- 0,3	0	2,33
E_1	0	0	1,67	- 0,3	1	- 1,3	0	4,33
E_3	0	0	- 1,6	0,33	0	- 0,6	1	1,66

Coste reducido de las variables no básicas del dual = Valor de las variables básicas del primal cambiadas de signo.

9. La dirección está estudiando la posibilidad de dedicar un empleado a realizar tareas de control de calidad. Preguntado por el tiempo necesario para realizarlo ha contestado que si todos los helados fuesen del tipo 1 podría examinar hasta 30, mientras que los helados del tipo 2 necesitan el doble que los de tipo 1, y los del tipo 3 el doble que los del tipo 2. Si realiza el control de calidad la dirección no considera necesario mantener la producción mínima de 20 helados. Determine como afectan estos cambios al plan de producción.

La restricción $X_1 + X_2 + X_3 \geq 20$ deja de ser operativa, y es substituida por la restricción $X_1 + 2X_2 + 4X_3 \leq 30$. El nuevo modelo es el siguiente:

$$\text{Maximizar} \left\{ 5X_1 + 7X_2 + 3X_3 \right\}$$

$$4X_1 + 3X_2 + 2X_3 \leq 75$$

$$1X_1 + 2X_2 + 3X_3 \leq 100$$

$$1X_1 + 2X_2 + 4X_3 \leq 30$$

$$X_i \geq 0 \qquad i = 1 \dots 3$$

Añadiendo las variables de holgura correspondientes y resolviendo resulta:

	Z	X_1	X_2	X_3	S_1	S_2	S_3	
Z	1	- 5	- 7	- 3	0	0	0	0
S_1	0	4	3	2	1	1	0	75
S_2	0	1	2	3	0	0	0	100
S_3	0	1	2	4	0	0	1	30

Iteración 1 - Entra en la base X_2 ya que tiene el coste reducido negativo, y de los negativos, el mayor en valor absoluto. Sale de la base:

$$\text{Min} \left\{ \frac{B^{-1} b}{Y_{X_2}}, Y_{X_2} > 0 \right\} = \text{Min} \left\{ \frac{75}{3}, \frac{100}{2}, \frac{30}{2} \right\} = \frac{30}{2} \rightarrow S_3$$

	Z	X_1	X_2	X_3	S_1	S_2	S_3	
Z	1	- 1,5	0	11	0	0	3,5	105
S_1	0	2,5	0	- 4	1	0	- 1,5	30
S_2	0	0	0	- 1	0	1	- 1	70
X_2	0	0,5	1	2	0	0	0,5	15

Iteración 2 - Entra en la base X_1 ya que tiene el coste reducido negativo, y de los negativos, el mayor en valor absoluto. Sale de la base:

$$\text{Min}\left\{\frac{B^{-1}\,b}{Y_{X_1}}, Y_{X_1} > 0\right\} = \text{Min}\left\{\frac{30}{2,5}, -, \frac{15}{0,5}\right\} = \frac{30}{2,5} \quad \rightarrow \quad S_1$$

	Z	X_1	X_2	X_3	S_1	S_2	S_3	
Z	1	0	0	8,6	0,6	0	2,6	123
X_1	0	1	0	- 1,6	0,4	0	- 0,6	12
S_2	0	0	0	- 1	0	1	- 1	70
X_2	0	0	1	2,8	- 0,2	0	0,8	9

La solución hallada es óptima dado que ninguna variable puede entrar en la base y mejorar la solución actual, ya que el coste reducido de las variables no básicas es positivo y el problema es de maximización. La solución óptima consiste en fabricar 9 unidades de helado tipo 2 y 12 de helado tipo 1, alcanzándose un beneficio de 123 euros.

Ejercicio 19

Una empresa utiliza los componentes Z1 y Z2 en la fabricación de tres productos. Las unidades requeridas de cada uno de los componentes para la fabricación de cada producto se muestran en la tabla siguiente:

	Producto 1	Producto 2	Producto 3
Z1	5	3	2
Z2	2	4	7

Para satisfacer la demanda del mes próximo dispone de 1.600 unidades de Z1 y 2.000 de Z2. El coste unitario de los componentes Z1 y Z2 es de 2 y 1 euros respectivamente, y el precio unitario de venta de cada uno de los tres productos de 25, 20 y 15 euros, respectivamente. Halle el plan de producción que maximiza el beneficio teniendo en cuenta que para cubrir el punto muerto de la empresa deben fabricarse 400 unidades de los tres productos (Producto 1 + Producto 2 + Producto 3).

Solución

	Producto 1	Producto 2	Producto 3
Coste de Z1	2 x 5 = 10	2 x 3 = 6	2 x 2 = 4
Coste de Z2	1 x 2 = 2	1 x 4 = 4	1 x 7 = 7
Coste total	12	10	11
Precio de venta	25	20	15
Beneficio unitario	13	10	4

X_i: cantidad producida de producto i   i = 1,..., 3

$$\text{Max } \{13\,X_1 + 10\,X_2 + 4\,X_3\}$$

$$5\,X_1 + 3\,X_2 + 2\,X_3 \leq 1600$$

$$2\,X_1 + 4\,X_2 + 7\,X_3 \leq 2000$$

$$X_1 + X_2 + X_3 \geq 400$$

$$X_1 , X_2 , X_3 \geq 0$$

Añadiendo al modelo las variables de holgura, exceso y artificiales que corresponda:

$$\text{Max}\left\{13\,X_1 + 10\,X_2 + 4\,X_3\right\}$$

$$5\,X_1 + 3\,X_2 + 2\,X_3 + 1\,S_1 = 1600$$

$$2\,X_1 + 4\,X_2 + 7\,X_3 + 1\,S_2 = 2000$$

$$X_1 + X_2 + X_3 - 1\,E_1 + 1\,A_1 = 400$$

$$X_1\,,X_2\,,X_3 \geq 0$$

Fase 1:

$$\text{Min}\left\{1\,A_1\right\}$$

$$5\,X_1 + 3\,X_2 + 2\,X_3 + 1\,S_1 = 1600$$

$$2\,X_1 + 4\,X_2 + 7\,X_3 + 1\,S_2 = 2000$$

$$X_1 + X_2 + X_3 - 1\,E_1 + 1\,A_1 = 400$$

$$X_1\,,X_2\,,X_3 \geq 0$$

Siendo el coste reducido de las variables no básicas:

$$Z_j - C_j = C_B \cdot B^{-1} \cdot N - C_N$$

$$Z_j - C_j = \begin{bmatrix}0 & 0 & 1\end{bmatrix} \cdot \begin{bmatrix}5 & 3 & 2 & 0\\ 2 & 4 & 7 & 0\\ 1 & 1 & 1 & -1\end{bmatrix} - \begin{bmatrix}0 & 0 & 0 & 0\end{bmatrix} = \begin{bmatrix}1 & 1 & 1 & -1\end{bmatrix}$$

$$Z = C_B \cdot X_B = \begin{bmatrix}0 & 0 & 1\end{bmatrix} \cdot \begin{bmatrix}1600\\ 2000\\ 400\end{bmatrix} = 400$$

	Z	X_1	X_2	X_3	S_1	S_2	E_1	A_1	
Z	1	1	1	1	0	0	- 1	0	400
S_1	0	5	3	2	1	0	0	0	1600
S_2	0	2	4	7	0	1	0	0	2000
A_1	0	1	1	1	0	0	- 1	1	400

Iteración 1 - Entra en la base X_1 ya que tiene el coste reducido positivo. Sale de la base:

$$\text{Min}\left\{\frac{B^{-1}b}{Y_{X_1}}, Y_{X_1} > 0\right\} = \text{Min}\left\{\frac{1600}{5}, \frac{2000}{2}, \frac{400}{1}\right\} = \frac{1600}{5} \rightarrow S_1$$

	Z	X_1	X_2	X_3	S_1	S_2	E_1	A_1	
Z	1	0	0,4	0,6	-0,2	0	-1	0	80
X_1	0	1	0,6	0,4	0,2	0	0	0	320
S_2	0	0	2,8	6,2	-0,4	1	0	0	1360
A_1	0	0	0,4	0,6	-0,2	0	-1	1	80

Iteración 2 - Entra en la base X_3 ya que tiene el coste reducido positivo, y de todos los positivos el mayor. Sale de la base:

$$\text{Min}\left\{\frac{B^{-1}b}{Y_{X_3}}, Y_{X_3} > 0\right\} = \text{Min}\left\{\frac{320}{0,4}, \frac{1360}{6,2}, \frac{80}{0,6}\right\} = \frac{80}{0,6} \rightarrow A_1$$

	Z	X_1	X_2	X_3	S_1	S_2	E_1	A_1	
Z	1	0	0	0	0	0	0	-1	0
X_1	0	1	0,33	0	0,333	0	0,666	-0,6	266,66
S_2	0	0	-1,3	0	1,666	1	10,33	-10,3	533,33
X_3	0	0	0,66	1	-0,33	0	-1,6	1,66	133,3

Fase 2:

$$\text{Max}\left\{13X_1 + 10X_2 + 4X_3 - MA_1\right\}$$

$$5X_1 + 3X_2 + 2X_3 + 1S_1 = 1600$$

$$2X_1 + 4X_2 + 7X_3 + 1S_2 = 2000$$

$$X_1 + X_2 + X_3 - 1E_1 + 1A_1 = 400$$

$$X_1, X_2, X_3 \geq 0$$

$$Z_j - C_j = \begin{bmatrix} 13 & 0 & 4 \end{bmatrix} \cdot \begin{bmatrix} 0,33 & 0,33 & 0,66 & -0,6 \\ -1,3 & 1,66 & 10,33 & -10,3 \\ 0,66 & -0,33 & -1,6 & 1,66 \end{bmatrix} - \begin{bmatrix} 10 & 0 & 0 & -M \end{bmatrix} = \begin{bmatrix} -3 & 3 & 2 & -2+M \end{bmatrix}$$

$$Z = C_B \cdot X_B = \begin{bmatrix} 13 & 0 & 4 \end{bmatrix} \cdot \begin{bmatrix} 266,66 \\ 533,33 \\ 133,33 \end{bmatrix} = 4000$$

	Z	X_1	X_2	X_3	S_1	S_2	E_1	A_1	
Z	1	0	- 3	0	3	0	2	- 2 + M	4000
X_1	0	1	0,33	0	0,333	0	0,666	- 0,6	266,66
S_2	0	0	- 1,3	0	1,666	1	10,33	- 10,3	533,33
X_3	0	0	0,66	1	- 0,33	0	- 1,6	1,66	133,3

Iteración 3 - Entra en la base X_2 ya que tiene el coste reducido negativo y el problema es de maximización. Sale de la base:

$$\text{Min}\left\{\frac{B^{-1}b}{Y_{X_2}}, Y_{X_2} > 0\right\} = \text{Min}\left\{\frac{266,66}{0,33}, -, \frac{133,33}{0,66}\right\} = \frac{133,33}{0,66} \rightarrow X_3$$

	Z	X_1	X_2	X_3	S_1	S_2	E_1	A_1	
Z	1	0	0	4,5	1,5	0	- 5,5	5,5 + M	4600
X_1	0	1	0	- 0,5	0,5	0	1,5	- 1,5	200
S_2	0	0	0	2	1	1	7	- 7	800
X_2	0	0	1	1,5	- 0,5	0	- 2,5	2,5	200

Iteración 4 - Entra en la base E_1 ya que tiene el coste reducido negativo y el problema es de maximización. Sale de la base:

$$\text{Min}\left\{\frac{B^{-1}b}{Y_{E_1}}, Y_{E_1} > 0\right\} = \text{Min}\left\{\frac{200}{1,5}, \frac{800}{7}, -\right\} = \frac{800}{7} \rightarrow S_2$$

	Z	X_1	X_2	X_3	S_1	S_2	E_1	A_1	
Z	1	0	0	6,07	2,29	0,78	0	+ M	5228,5
X_1	0	1	0	- 0,9	0,28	- 0,2	0	0	28,57
E_1	0	0	0	0,286	0,14	0,14	1	- 1	114,3
X_2	0	0	1	2,214	- 0,1	0,35	0	0	485,7

La solución hallada es óptima dado que ninguna variable puede entrar en la base y mejorar la solución actual, ya que el coste reducido de las variables no básicas es positivo y el problema es de maximización. La solución óptima consiste en fabricar 28,57 unidades del producto 1 y 485,7 del producto 2, alcanzándose un beneficio de 5.228,5 euros.

Ejercicio 20

Una empresa está interesada en desarrollar un abono que contenga como mínimo 100 unidades de potasa, 25 de nitrógeno y 10 de amoníaco, para ello se dispone de los productos A y B cuyo coste en el mercado asciende a 10 y 15 euros por tonelada respectivamente. El contenido de potasa, nitrógeno y amoníaco de una tonelada de producto se muestra en la tabla siguiente:

	Potasa	Nitrógeno	Amoníaco
Producto A	2,0	0,3	0,2
Producto B	1,0	0,6	0,2

1. Desarrolle el nuevo abono tomando en consideración que se desea que dicho abono cueste lo menos posible.

$$X_i \rightarrow \text{Toneladas de producto i que intervienen en el abono} \quad i = A, B$$

$$\text{Min} \left\{ 10\, X_A + 15\, X_B \right\}$$

$$\text{Restricción de potasa} \quad \rightarrow \quad 2{,}0\, X_A + 1{,}0\, X_B \geq 100$$

$$\text{Restricción de nitrógeno} \quad \rightarrow \quad 0{,}3\, X_A + 0{,}6\, X_B \geq 25$$

$$\text{Restricción de amoníaco} \quad \rightarrow \quad 0{,}2\, X_A + 0{,}2\, X_B \geq 10$$

$$X_A\, , X_B \geq 0$$

Añadiendo al modelo las variables exceso que corresponda, con la finalidad de expresar el modelo en formato estándar:

$$\text{Min} \left\{ 10\, X_A + 15\, X_B \right\}$$

$$2\, X_A + 1\, X_B - 1\, E_1 = 100$$

$$0{,}3\, X_A + 0{,}6\, X_B - 1\, E_2 = 25$$

$$0{,}2\, X_A + 0{,}2\, X_B - 1\, E_3 = 10$$

$$X_A\, , X_B \geq 0$$

Multiplicando por (- 1) ambos lados de las anteriores igualdades con la finalidad de hacer positivo el coeficiente de la variable de exceso y formar así una base inicial, sin necesidad de incorporar variables artificiales al modelo, resulta:

$$\text{Min}\left\{10\,X_A + 15\,X_B\right\}$$

$$-2\,X_A - 1\,X_B + 1\,E_1 = -100$$

$$-0,3\,X_A - 0,6\,X_B + 1\,E_2 = -25$$

$$-0,2\,X_A - 0,2\,X_B + 1\,E_3 = -10$$

$$X_A\,,\,X_B \geq 0$$

Siendo el coste reducido de las variables no básicas:

$$Z_j - C_j = C_B \cdot B^{-1} \cdot N - C_N$$

$$Z_j - C_j = C_B \cdot B^{-1} \cdot N - C_j = \begin{bmatrix} 0 & 0 & 0 \end{bmatrix} \cdot B^{-1} \cdot N - \begin{bmatrix} 10 & 15 \end{bmatrix} = \begin{bmatrix} -10 & -15 \end{bmatrix}$$

$$Z = C_B \cdot X_B = \begin{bmatrix} 0 & 0 & 0 \end{bmatrix} \cdot X_B = 0$$

	Z	X_A	X_B	E_1	E_2	E_3	
Z	1	- 10	- 15	0	0	0	0
E_1	0	- 2	- 1	1	0	0	- 100
E_2	0	- 0,3	- 0,6	0	1	0	- 25
E_3	0	- 0,2	- 0,2	0	0	1	- 10

Esta solución si bien es óptima dado que todos los costes reducidos son negativos y el problema es de minimización, no es factible dado que no cumple con la condición de no negatividad de las variables. Para reconstruir la factibilidad debe aplicar el método simplex dual.

Iteración 1 - Sale de la base E_1 ya que su valor es negativo (no es factible), y de todos los valores negativos de las variables básicas, el mayor en valor absoluto. Entra de la base:

$$\text{Min}\left\{\frac{Z_j - C_j}{a_{E_1, j}},\, a_{E_1, j} < 0\right\} = \text{Min}\left\{\frac{-10}{-2}, \frac{-15}{-1}\right\} = \frac{-10}{-2} \;\rightarrow\; X_A$$

	Z	X_A	X_B	E_1	E_2	E_3	
Z	1	0	- 10	- 5	0	0	500
X_A	0	1	0,5	- 0,5	0	0	50
E_2	0	0	- 0,45	- 0,15	1	0	- 10
E_3	0	0	- 0,1	- 0,1	0	1	0

Iteración 2 - Sale de la base E_2 ya que su valor es negativo (no es factible), y de todos los valores negativos de las variables básicas, el mayor en valor absoluto. Entra de la base:

$$\text{Min}\left\{\frac{Z_j - C_j}{a_{E_2, j}},\, a_{E_2, j} < 0\right\} = \text{Min}\left\{\frac{-10}{-0,45}, \frac{-5}{-0,15}\right\} = \frac{-10}{-0,45} \;\rightarrow\; X_B$$

	Z	X_A	X_B	E_1	E_2	E_3	
Z	1	0	0	- 1,66	- 22,2	0	722,22
X_A	0	1	0	- 0,66	1,1111	0	38,888
X_B	0	0	1	0,3333	- 2,22	0	22,222
E_3	0	0	0	- 0,06	- 0,22	1	2,2222

La solución hallada es óptima dado que ninguna variable puede entrar en la base y mejorar la solución actual, ya que el coste reducido de las variables no básicas es negativo y el problema es de minimización. El nuevo abono estará formado por 38,88 toneladas de producto A y 22,22 de producto B, siendo su coste de 722,22 euros.

2. Determine que sucedería si deseara cinco unidades suplementarias de nitrógeno, así como el coste marginal de una unidad.

El requerimiento de una unidad más de nitrógeno modifica el término independiente del sistema lineal de ecuaciones:

$$\text{Requerimiento de potasa} \rightarrow 100 \atop \text{Requerimiento de nitrógeno} \rightarrow 25 \atop \text{Requerimiento de amoníaco} \rightarrow 10 \Bigg\} \Rightarrow b = \begin{bmatrix} 100 \\ 25 \\ 10 \end{bmatrix} \rightarrow b = \begin{bmatrix} 100 \\ 26 \\ 10 \end{bmatrix}$$

De donde, el nuevo valor de las variables básicas:

$$X_B = B^{-1} \cdot b = \begin{bmatrix} 0,66 & -1,11 & 0 \\ -0,33 & 2,22 & 0 \\ 0,06 & 0,22 & -1 \end{bmatrix} \cdot \begin{bmatrix} 100 \\ 26 \\ 10 \end{bmatrix} = \begin{bmatrix} 37,77 \\ 24,44 \\ 2,44 \end{bmatrix} = \begin{bmatrix} X_A \\ X_B \\ E_3 \end{bmatrix}$$

$$C_B \cdot B^{-1} \cdot b = \begin{bmatrix} 10 & 15 & 0 \end{bmatrix} \cdot \begin{bmatrix} 37,77 \\ 24,44 \\ 2,44 \end{bmatrix} = 744,44$$

El coste marginal de una unidad de nitrógeno = 744,44 − 722,22 = 22,22 euros, que corresponde al valor de $w_{nitrogeno}$:

$$Z = C_B \cdot X_B = C_B \cdot B^{-1} \cdot b = W \cdot b$$

$$\frac{dz}{db_2} = W_2 = 22,22 \rightarrow \quad \text{Coste marginal de una unidad extra de recurso2 (nitrógeno)}$$

Si requiere cinco unidades más de nitrógeno:

$$X_B = B^{-1} \cdot b = \begin{bmatrix} 0,66 & -1,11 & 0 \\ -0,33 & 2,22 & 0 \\ 0,06 & 0,22 & -1 \end{bmatrix} \cdot \begin{bmatrix} 100 \\ 30 \\ 10 \end{bmatrix} = \begin{bmatrix} 33,33 \\ 33,33 \\ 3,33 \end{bmatrix} = \begin{bmatrix} X_A \\ X_B \\ E_3 \end{bmatrix}$$

$$C_B \cdot B^{-1} \cdot b = \begin{bmatrix} 10 & 15 & 0 \end{bmatrix} \cdot \begin{bmatrix} 33,33 \\ 33,33 \\ 3,33 \end{bmatrix} = 833,33$$

El coste se incrementa en:

5 unidades x 22,22 euros por unidad = 111,11 euros

Lo que corresponde a 833,33 − 722,22 = 111,11 euros.

Si bien la solución sigue siendo óptima, cambia el valor de las variables básicas, así incrementando en cinco las unidades de nitrógeno requeridas, se reducen en 5,55 las toneladas de producto A que intervienen en el nuevo abono, mientras que se incrementan en 11,11 las toneladas de producto B que intervienen en dicho abono.

3. Determine que sucedería si deseara cuatro unidades más de nitrógeno de las cinco de la pregunta anterior.

$$X_B = B^{-1} \cdot b = \begin{bmatrix} 0,66 & -1,11 & 0 \\ -0,33 & 2,22 & 0 \\ 0,06 & 0,22 & -1 \end{bmatrix} \cdot \begin{bmatrix} 100 \\ 34 \\ 10 \end{bmatrix} = \begin{bmatrix} 28,88 \\ 42,22 \\ 4,22 \end{bmatrix} = \begin{bmatrix} X_A \\ X_B \\ E_3 \end{bmatrix}$$

$$C_B \cdot B^{-1} \cdot b = \begin{bmatrix} 10 & 15 & 0 \end{bmatrix} \cdot \begin{bmatrix} 28,88 \\ 42,22 \\ 4,22 \end{bmatrix} = 922,22$$

El coste total se incrementa en:

9 unidades x 22,22 euros por unidad = 200 euros

Lo que corresponde a 922,22 − 722,22 = 200 euros.

Si bien la solución sigue siendo óptima, cambia el valor de las variables básicas, así incrementando en cuatro más las unidades de nitrógeno requeridas, se reducen en 10 las toneladas de producto A que intervienen en el nuevo abono, mientras que se incrementan en 20 las toneladas de producto B que intervienen en dicho abono.

4. Un proveedor le ofrece el producto D a 14 euros tonelada, con 2 unidades de potasa, 0,4 de nitrógeno y 0,2 de amoníaco por tonelada. Justifique si conviene o no utilizar dicho producto, y evalúe el precio del nuevo abono.

Se introduce una nueva variable al modelo:

$$\text{Min}\left\{10\,X_A + 15\,X_B + 14\,X_D\right\}$$

$$\text{Restricción de potasa} \quad \rightarrow \quad 2{,}0\,X_A + 1{,}0\,X_B + 2\,X_D \geq 100$$

$$\text{Restricción de nitrógeno} \quad \rightarrow \quad 0{,}3\,X_A + 0{,}6\,X_B + 0{,}6\,X_D \geq 25$$

$$\text{Restricción de amoníaco} \quad \rightarrow \quad 0{,}2\,X_A + 0{,}2\,X_B + 0{,}2\,X_D \geq 10$$

$$X_A\,, X_B \geq 0$$

$$Y_{X_D} = B^{-1} \cdot A_{X_D} = \begin{bmatrix} 0{,}66 & -1{,}11 & 0 \\ -0{,}33 & 2{,}22 & 0 \\ 0{,}06 & 0{,}22 & -1 \end{bmatrix} \cdot \begin{bmatrix} 2{,}0 \\ 0{,}6 \\ 0{,}2 \end{bmatrix} = \begin{bmatrix} 0{,}666 \\ 0{,}666 \\ 0{,}066 \end{bmatrix}$$

$$Z_j - C_j = C_B \cdot B^{-1} \cdot A_{X_D} - C_{X_D} = \begin{bmatrix} 10 & 15 & 0 \end{bmatrix} \cdot \begin{bmatrix} 0{,}666 \\ 0{,}666 \\ 0{,}066 \end{bmatrix} - 14 = 2{,}66$$

El coste reducido de la nueva variable es positivo, por lo que al tratarse de un problema de minimización, esta variable puede entrar en la base.

	Z	X_A	X_B	E_1	E_2	E_3	X_D	
Z	1	0	0	-1,66	-22,2	0	2,66	722,22
X_A	0	1	0	-0,66	1,1111	0	0,666	38,888
X_B	0	0	1	0,3333	-2,22	0	0,666	22,222
E_3	0	0	0	-0,06	-0,22	1	0,066	2,2222

Iteración 1 - Entra en la base X_D ya que tiene el coste reducido positivo y el problema es de minimización. Sale de la base:

$$\text{Min}\left\{\frac{B^{-1}\,b}{Y_{X_D}}, Y_{X_D} > 0\right\} = \text{Min}\left\{\frac{38{,}88}{0{,}666}, \frac{22{,}22}{0{,}666}, \frac{2{,}22}{0{,}066}\right\} = \frac{22{,}22}{0{,}666} \quad \rightarrow \quad X_B$$

	Z	X_A	X_B	E_1	E_2	E_3	X_D	
Z	1	0	- 4	- 3	- 13,3	0	0	633,33
X_A	0	1	- 1	- 1	3,3333	0	0	16,666
X_D	0	0	1,5	0,50	- 3,33	0	1	33,333
E_3	0	0	- 0,1	- 0,1	0	1	0	0

Si conviene utilizar el nuevo producto D dado que satisface las restricciones a un coste menor. El coste del nuevo abono es ahora de 633.33 euros.

Ejercicio 21

La siguiente tabla del simplex muestra la solución óptima de un problema de programación lineal. Se sabe que S_1 y S_2 son las variables de holgura de la primera y segunda restricción respectivamente.

	Z	X_1	X_2	S_1	S_2	
Z	1	0	0	- 1	- 0,125	- 7,5
X_1	0	1	0	0,5	- 0,188	2,75
X_2	0	0	1	0	0,125	0,5

1. Formule el problema original

A partir de la tabla óptima reconstruya la tabla inicial:

Iteración 1

	Z	X_1	X_2	S_1	S_2	
Z	1	2	0	0	- 0,503	- 2
S_1	0	2	0	1	- 0,377	5,5
X_2	0	0	1	0	0,125	0,5

Iteración 2

	Z	X_1	X_2	S_1	S_2	
Z	1	2	4	0	0	0
S_1	0	2	3	1	0	7
S_2	0	0	8	0	1	4

De donde el problema original:

$$\text{Min} \left\{ -2\,X_1 - 4\,X_2 \right\}$$

$$2\,X_1 + 3\,X_2 \leq 7$$

$$8\,X_2 \leq 4$$

$$X_1 \geq 0 \qquad X_2 \geq 0$$

2. Como afectará a la tabla óptima la introducción de una nueva variable X_3 con coeficientes

$$A_{X_3} = \begin{bmatrix} 1,5 \\ 1,5 \end{bmatrix} \text{ y coste } C_{X_3} = -1 \cdot$$

La tabla óptima tiene una nueva columna correspondiente a la nueva variable:

	Z	X_1	X_2	X_3	S_1	S_2	
Z	1	0	0		- 1	- 0,125	- 7,5
X_1	0	1	0		0,5	- 0,188	2,75
X_2	0	0	1		0	0,125	0,5

Siendo los valores de la nueva columna de la tabla:

$$Y_{X_3} = B^{-1} \cdot A_{X_3} = \begin{bmatrix} 0,5 & -0,188 \\ 0 & 0,125 \end{bmatrix} \cdot \begin{bmatrix} 1,5 \\ 1,5 \end{bmatrix} = \begin{bmatrix} 0,4666 \\ 0,1875 \end{bmatrix}$$

$$Z_{X_3} - C_{X_3} = C_B \cdot B^{-1} \cdot A_{X_3} - C_{X_3} = \begin{bmatrix} -2 & -4 \end{bmatrix} \cdot \begin{bmatrix} 0,4666 \\ 0,1875 \end{bmatrix} - (-1) = -0,68$$

	Z	X_1	X_2	X_3	S_1	S_2	
Z	1	0	0	- 0,68	- 1	- 0,125	- 7,5
X_1	0	1	0	0,466	0,5	- 0,188	2,75
X_2	0	0	1	0,187	0	0,125	0,5

La solución óptima no se ve afectada dado que ninguna variable puede entrar en la base y mejorar la solución actual, ya que el coste reducido de las variables no básicas es negativo y el problema es de minimización.

3. *Cuál debe ser el valor umbral de C_{X3} para que X_3 sea variable básica en la tabla óptima*

$$Z_{X_3} - C_{X_3} = C_B \cdot B^{-1} \cdot A_{X_3} - C_{X_3} = \begin{bmatrix} -2 & -4 \end{bmatrix} \cdot \begin{bmatrix} 0,4666 \\ 0,1875 \end{bmatrix} - C_{X_3} = -1,68 - C_{X_3}$$

$$Z_{X_3} - C_{X_3} \geq 0 \implies -1,68 - C_{X_3} \geq 0 \implies C_{X_3} \leq -1,68$$

Ejercicio 22

Dadas las tablas inicial y actual del método simplex, calcule y justifique los valores de las incógnitas que en ellas aparecen.

Tabla inicial

	Z	X_1	X_2	X_3	S_1	S_2	
Z	1	- 12	- 10	- 15	0	0	0
S_1	0	b	c	d	1	0	200
S_2	0	3	2	e	0	1	100

Tabla actual

	Z	X_1	X_2	X_3	S_1	S_2	
Z	1	- 4,5	1,25	j	k	m	750
X_3	0	g	0,75	1	0,25	0	f
S_2	0	h	i	0	- 0,25	1	50

Solución

$$Y_{X_1} = B^{-1} \cdot A_{X_1} \quad \Rightarrow \quad \begin{bmatrix} g \\ h \end{bmatrix} = \begin{bmatrix} 0,25 & 0 \\ -0,25 & 1 \end{bmatrix} \begin{bmatrix} b \\ 3 \end{bmatrix} \quad \Rightarrow \quad g = 0,25 \cdot b \qquad h = -0,25 \cdot b + 3$$

$$Y_{X_2} = B^{-1} \cdot A_{X_2} \quad \Rightarrow \quad \begin{bmatrix} 0,75 \\ i \end{bmatrix} = \begin{bmatrix} 0,25 & 0 \\ -0,25 & 1 \end{bmatrix} \begin{bmatrix} c \\ 2 \end{bmatrix} \quad \Rightarrow \quad c = 3 \qquad i = 1,25$$

$$Y_{X_3} = B^{-1} \cdot A_{X_3} \quad \Rightarrow \quad \begin{bmatrix} 1 \\ 0 \end{bmatrix} = \begin{bmatrix} 0,25 & 0 \\ -0,25 & 1 \end{bmatrix} \begin{bmatrix} c \\ e \end{bmatrix} \quad \Rightarrow \quad \begin{bmatrix} d \\ e \end{bmatrix} = \begin{bmatrix} 4 \\ 1 \end{bmatrix}$$

$$X_B = B^{-1} \cdot b \quad \Rightarrow \quad \begin{bmatrix} f \\ 50 \end{bmatrix} = \begin{bmatrix} 0,25 & 0 \\ -0,25 & 1 \end{bmatrix} \begin{bmatrix} 200 \\ 100 \end{bmatrix} \quad \Rightarrow \quad f = 50$$

$$Z_j - C_j = C_B \cdot B^{-1} \cdot A_j - C_j = C_B \cdot Y_j - C_j$$

$$\begin{bmatrix} j & k & m \end{bmatrix} = \begin{bmatrix} 15 & 0 \end{bmatrix} \cdot \begin{bmatrix} 1 & 0,25 & 0 \\ 0 & -0,25 & 1 \end{bmatrix} - \begin{bmatrix} 15 & 0 & 0 \end{bmatrix} = \begin{bmatrix} 0 & 3,75 & 0 \end{bmatrix}$$

$$Z_{X_1} - C_{X_1} = C_B \cdot B^{-1} \cdot A_{X_1} - C_{X_1} \quad \Rightarrow \quad -4,5 = \begin{bmatrix} 15 & 0 \end{bmatrix} \cdot \begin{bmatrix} g \\ h \end{bmatrix} - (12) \quad \Rightarrow \quad g = 0,5$$

$$\left. \begin{matrix} g = 0,25 \cdot b \\ g = 0,5 \end{matrix} \right\} \quad \Rightarrow \quad b = 2 \quad \Rightarrow \quad h = -0,25 \cdot b + 3 = 2,5$$

Ejercicio 23

Una empresa que fabrica tres productos (P1, P2 y P3) ha formulado el siguiente programa lineal con el objetivo de maximizar sus beneficios:

$$\text{Max} \left\{ 3\,X_1 + 2\,X_2 - 2\,X_3 \right\}$$

$$\text{Restricción recurso 1} \quad \rightarrow \quad 2\,X_1 + 2\,X_2 + 1\,X_3 \leq 10$$

$$\text{Restricción recurso 2} \quad \rightarrow \quad -2\,X_1 + 1\,X_2 - 2\,X_3 \leq 5$$

$$X_1 \geq 0 \qquad X_2 \geq 0 \qquad X_3 \geq 0$$

La solución de dicho programa lineal se muestra en la tabla:

	Z	X_1	X_2	X_3	S_1	S_2	
Z	1	0	1	3,5	1,5	0	15
X_1	0	1	1	0,5	0,5	0	5
S_2	0	0	3	- 1	1	1	15

1. Formule el problema dual y determine el valor de las variables duales sin necesidad de resolver el problema dual.

$$\text{Min} \left\{ 10\,W_1 + 5\,W_2 \right\}$$

$$2\,W_1 - 2\,W_2 \geq 3$$

$$2\,W_1 + 1\,W_2 \geq 2$$

$$1\,W_1 - 2\,W_2 \geq -2$$

$$W_1 \geq 0 \qquad W_2 \geq 0$$

El valor de las variables duales se corresponde con el coste reducido de las variables de holgura del primal, de donde:

$$W_1 = 1{,}5 \qquad\qquad W_2 = 0 \qquad\qquad Z = 15$$

2. Justifique que recursos son escasos y cuales son libres.

Teorema de la ortogonalidad u holgura complementaria:

$$w \cdot (A \cdot x - b) = w \cdot S = 0$$

En el ejercicio:

$$\text{Recurso 1} \quad \rightarrow \quad w_1 \cdot S_1 = 0 \quad \rightarrow \quad \begin{cases} S_1 = 0 & \rightarrow \quad \text{Recurso escaso} \\ w_1 = 1,5 & \rightarrow \quad \text{Precio} > 0 \end{cases}$$

$$\text{Recurso 2} \quad \rightarrow \quad w_2 \cdot S_2 = 0 \quad \rightarrow \quad \begin{cases} S_2 = 15 & \rightarrow \quad \text{Recurso libre} \\ w_2 = 0 & \rightarrow \quad \text{Precio} = 0 \end{cases}$$

3. Qué decisión tomaría si pudiera disponer hasta un máximo de 5 unidades adicionales del recurso 1 y 3 del recurso 2, a un coste de 1 y 2 euros la unidad respectivamente.

$$Z = C_B \cdot X_B = C_B \cdot B^{-1} \cdot b = W \cdot b$$

$$\frac{dz}{db_1} = 1,5 \rightarrow \text{Beneficio adicional por la adquisición de una unidad extra de recurso 1}$$

$$\frac{dz}{db_2} = 0 \rightarrow \text{Beneficio adicional por la adquisición de una unidad extra de recurso 1}$$

Dado que el beneficio que proporciona una unidad adicional del primer recurso (1,5 euros) es superior al coste de dicha unidad adicional (1 euro), sí compraría las cinco unidades adicionales disponibles del primer recurso.

$$1,5 > 1 \quad \Rightarrow \quad \text{Beneficio} > \text{Coste}$$

Por el contrario dado que el beneficio que proporciona una unidad adicional del segundo recurso es de 0 euros ya que se trata de un recurso libre, y además dicho beneficio es inferior al coste de dicha unidad adicional (2 euros), no compraría ninguna de las tres unidades adicionales disponibles del segundo recurso.

$$0 < 2 \quad \Rightarrow \quad \text{Beneficio} < \text{Coste}$$

La compra de hasta cinco unidades adicionales de recurso 1, modifican el modelo original incorporando una nueva variable X_4 y una nueva restricción $X_4 < 5$:

$$\text{Max} \left\{ 3\,X_1 + 2\,X_2 - 2\,X_3 - 1\,X_4 \right\}$$

$$\text{Restricción recurso 1} \quad \rightarrow \quad 2\,X_1 + 2\,X_2 + 1\,X_3 \le 10 + X_4$$

$$\text{Restricción recurso 2} \quad \rightarrow \quad -2\,X_1 + 1\,X_2 - 2\,X_3 \le 5$$

$$1\,X_4 \le 5$$

$$X_1 \ge 0 \qquad X_2 \ge 0 \qquad X_3 \ge 0$$

Añadiendo esta nueva variable y la nueva restricción en la tabla óptima, resulta:

$$Y_{X_4} = B^{-1} \cdot A_{X_4} \quad \Rightarrow \quad \begin{bmatrix} 0,5 & 0 \\ 1 & 1 \end{bmatrix} \cdot \begin{bmatrix} -1 \\ 0 \end{bmatrix} = \begin{bmatrix} -0,5 \\ -1 \end{bmatrix}$$

$$Z_{X_4} - C_{X_4} = C_B \cdot B^{-1} \cdot A_{X_4} - C_{X_4} = \begin{bmatrix} 3 & 0 \end{bmatrix} \cdot \begin{bmatrix} -0,5 \\ -1 \end{bmatrix} - (-1) = -0,5$$

	Z	X_1	X_2	X_3	X_4	S_1	S_2	S_3	
Z	1	0	1	3,5	- 0,5	1,5	0	0	15
X_1	0	1	1	0,5	- 0,5	0,5	0	0	5
S_2	0	0	3	- 1	- 1	1	1	0	15
S_3	0	0	0	0	1	0	0	1	5

Entra en la base X_4 ya que tiene el coste reducido negativo y el problema es de maximización. Sale de la base:

$$\text{Min} \left\{ \frac{B^{-1}\,b}{Y_{X_4}}, Y_{X_4} > 0 \right\} = \text{Min} \left\{ -, -, \frac{5}{1} \right\} = 5 \quad \rightarrow \quad S_3$$

	Z	X_1	X_2	X_3	X_4	S_1	S_2	S_3	
Z	1	0	1	3,5	0	1,5	0	0,5	17,5
X_1	0	1	1	0,5	0	0,5	0	0,5	7,5
S_2	0	0	3	- 1	0	1	1	1	20
X_4	0	0	0	0	1	0	0	1	5

La solución hallada es óptima dado que ninguna variable puede entrar en la base y mejorar la solución actual, ya que el coste reducido de las variables no básicas es positivo y el problema es de maximización. Siendo la nueva solución óptima:

$$X_1 = 7,5 \qquad X_2 = 0 \qquad X_3 = 0 \qquad X_4 = 5 \qquad Z = 17,5$$

Se utilizan las cinco unidades adicionales del recurso 1 y ninguna del recurso 2.

4. Volviendo al problema original, valore como afectaría a la solución del mismo que el valor del coeficiente de la función objetivo de la variable X_2 pase a valer 1.

Dado que X_2 es una variable no básica, debe recalcularse el coste reducido de dicha variable.

$$Z_{X_2} - C_{X_2} = C_B \cdot B^{-1} \cdot A_{X_2} - C_{X_2} = \begin{bmatrix} 3 & 0 \end{bmatrix} \cdot \begin{bmatrix} 1 \\ 3 \end{bmatrix} - (1) = 2$$

Partiendo de la tabla óptima e incorporando el nuevo coste reducido de la variable X_2, resulta:

	Z	X_1	X_2	X_3	S_1	S_2	
Z	1	0	2	3,5	1,5	0	15
X_1	0	1	1	0,5	0,5	0	5
S_2	0	0	3	- 1	1	1	15

La solución sigue siendo óptima dado que ninguna variable puede entrar en la base y mejorar la solución actual, ya que el coste reducido de las variables no básicas es positivo y el problema es de maximización. No ha variado ni la optimalidad, ni la factibilidad, ni la solución.

Ejercicio 24

Resuelva el siguiente programa lineal mediante el método de las dos fases.

$$\text{Min}\{3\,X_1 + 2\,X_2\}$$

$$2\,X_1 - 2\,X_2 \geq 3$$

$$2\,X_1 + 2\,X_2 \geq 9$$

$$X_1 \geq 0 \qquad X_2 \geq 0$$

Solución

En primer lugar incluya en el modelo las variables exceso y las variables artificiales que corresponda:

$$2\,X_1 - 2\,X_2 - 1\,E_1 + 1\,A_1 = 3$$

$$2\,X_1 + 2\,X_2 - 1\,E_2 + 1\,A_2 = 9$$

Fase 1:

Resuelva seguidamente la fase I del método simplex:

$$\text{Min}\{1\,A_1 + 1\,A_2\}$$

$$2\,X_1 - 2\,X_2 - 1\,E_1 + 1\,A_1 = 3$$

$$2\,X_1 + 2\,X_2 - 1\,E_2 + 1\,A_2 = 9$$

$$X_i \geq 0 \qquad A_i \geq 0$$

En la primera fila de la tabla debe colocar los costes reducidos de cada variable, así como el valor de la función objetivo:

$$Z_j - C_j = C_B \cdot B^{-1} \cdot N - C_N$$

$$Z_j - C_j = \begin{bmatrix} 1 & 1 \end{bmatrix} \cdot \begin{bmatrix} 2 & -2 & -1 & 0 \\ 2 & 2 & 0 & -1 \end{bmatrix} - \begin{bmatrix} 0 & 0 & 0 & 0 \end{bmatrix} = \begin{bmatrix} 4 & 0 & -1 & -1 \end{bmatrix}$$

$$Z = C_B \cdot X_B = \begin{bmatrix} 1 & 1 \end{bmatrix} \cdot \begin{bmatrix} 3 \\ 9 \end{bmatrix} = 12$$

	Z	X_1	X_2	E_1	E_2	A_1	A_2	
Z	1	4	0	-1	-1	0	0	12
A_1	0	2	-2	-1	0	1	0	3
A_2	0	2	2	0	-1	0	1	9

Iteración 1 - Entra en la base X_1 ya que tiene el coste reducido positivo. Sale de la base:

$$\text{Min}\left\{\frac{B^{-1}\,b}{Y_{X_1}}, Y_{X_1} > 0\right\} = \text{Min}\left\{\frac{3}{2}, \frac{9}{2}\right\} = \frac{3}{2} \;\rightarrow\; A_1$$

	Z	X_1	X_2	E_1	E_2	A_1	A_2	
Z	1	0	4	1	-1	-2	0	6
X_1	0	1	-1	-0,5	0	0,5	0	1,5
A_2	0	0	4	1	-1	-1	1	6

Iteración 2 - Entra en la base X_2 ya que tiene el coste reducido positivo, y de todos los positivos, el mayor. Sale de la base:

$$\text{Min}\left\{\frac{B^{-1}\,b}{Y_{X_2}}, Y_{X_2} > 0\right\} = \text{Min}\left\{-, \frac{6}{4}\right\} = \frac{6}{4} \;\rightarrow\; A_2$$

	Z	X_1	X_2	E_1	E_2	A_1	A_2	
Z	1	0	0	0	0	-1	-1	0
X_1	0	1	0	-0,25	-0,25	0,25	0,25	3
X_2	0	0	1	0,25	-0,25	-0,25	0,25	1,5

Fase 2:

$$\text{Min}\left\{3\,X_1 + 2\,X_2 + M\,A_1 + M\,A_2\right\}$$

$$2\,X_1 - 2\,X_2 - 1\,E_1 + 1\,A_1 = 3$$

$$2\,X_1 + 2\,X_2 - 1\,E_2 + 1\,A_2 = 9$$

$$X_i \geq 0$$

$$Z_j - C_j = \begin{bmatrix} 3 & 2 \end{bmatrix} \cdot \begin{bmatrix} -0{,}25 & -0{,}25 & 0{,}25 & 0{,}25 \\ 0{,}25 & -0{,}25 & -0{,}25 & 0{,}25 \end{bmatrix} - \begin{bmatrix} 0 & 0 & M & M \end{bmatrix}$$

$$Z_j - C_j = \begin{bmatrix} -0{,}25 & -1{,}25 & 0{,}25 - M & 1{,}25 - M \end{bmatrix}$$

$$Z = C_B \cdot X_B = \begin{bmatrix} 3 & 2 \end{bmatrix} \cdot \begin{bmatrix} 3 \\ 1{,}5 \end{bmatrix} = 16{,}9$$

	Z	X_1	X_2	E_1	E_2	A_1	A_2	
Z	1	0	0	- 0,25	- 1,25	0,25 - M	1,25 - M	12
X_1	0	1	0	- 0,25	- 0,25	0,25	0,25	3
X_2	0	0	1	0,25	- 0,25	- 0,25	0,25	1,5

La solución hallada es óptima dado que ninguna variable puede entrar en la base y mejorar la solución actual, ya que el coste reducido de las variables no básicas es negativo y el problema es de minimización. Siendo la solución óptima:

$$X_1 = 3 \qquad X_2 = 1{,}5 \qquad Z = 12$$

Ejercicio 25

En el transcurso de la resolución del programa lineal:

$$\text{Max}\{9\,X_1 + 7\,X_2\}$$

$$A \cdot X \le b$$

$$X \ge 0$$

Se ha llegado a la tabla siguiente:

	Z	X_1	X_2	S_1	S_2	
Z	1	19				56
S_1	0	-0,4		1	0,4	9,2
X_2	0			0	1	

Se pide:

1. Complete la tabla.

$$Z_{X_1} - C_{X_1} = C_B \cdot B^{-1} \cdot A_{X_1} - C_{X_1} \quad \Rightarrow \quad 19 = \begin{bmatrix} 0 & 7 \end{bmatrix} \cdot \begin{bmatrix} -0,4 \\ A_{X_{12}} \end{bmatrix} - 9 \quad \Rightarrow \quad A_{X_{12}} = 4$$

$$Z_{S_2} - C_{S_2} = C_B \cdot B^{-1} \cdot A_{S_2} - C_{S_2} = \begin{bmatrix} 0 & 7 \end{bmatrix} \cdot \begin{bmatrix} 0,4 \\ 1 \end{bmatrix} - 0 = 7$$

$$Z = C_B \cdot X_B \quad \Rightarrow \quad 56 = \begin{bmatrix} 0 & 7 \end{bmatrix} \cdot \begin{bmatrix} 9,2 \\ b_2 \end{bmatrix} \quad \Rightarrow \quad b_2 = 8$$

	Z	X_1	X_2	S_1	S_2	
Z	1	19	0	0	7	56
S_1	0	-0,4	0	1	0,4	9,2
X_2	0	4	1	0	1	8

2. ¿Es óptima la tabla del apartado anterior? Indique el valor de las variables del primal, de las variables del dual, y de la función objetivo.

La solución hallada es óptima dado que ninguna variable puede entrar en la base y mejorar la solución actual, ya que el coste reducido de las variables nc básicas es positivo y el problema es de maximización. Siendo el valor de las variables del primal:

$$X_1 = 0 \qquad X_2 = 8 \qquad Z = 56$$

El valor de las variables duales se corresponde con el coste reducido de las variables de holgura del primal, de donde:

$$W_1 = 0 \qquad W_2 = 7 \qquad Z = 56$$

3. Reconstruya el modelo original del programa lineal analizado en los apartados anteriores.

$$Y_{X_1} = B^{-1} \cdot A_{X_1} \quad \Rightarrow \quad \begin{bmatrix} -0,4 \\ 4 \end{bmatrix} = \begin{bmatrix} 1 & 0,4 \\ 0 & 1 \end{bmatrix} \cdot \begin{bmatrix} A_{X_{11}} \\ A_{X_{12}} \end{bmatrix} \quad \Rightarrow \quad \begin{bmatrix} A_{X_{11}} \\ A_{X_{12}} \end{bmatrix} = \begin{bmatrix} -2 \\ 4 \end{bmatrix}$$

$$Y_{X_2} = B^{-1} \cdot A_{X_2} \quad \Rightarrow \quad \begin{bmatrix} 0 \\ 1 \end{bmatrix} = \begin{bmatrix} 1 & 0,4 \\ 0 & 1 \end{bmatrix} \cdot \begin{bmatrix} A_{X_{21}} \\ A_{X_{22}} \end{bmatrix} \quad \Rightarrow \quad \begin{bmatrix} A_{X_{21}} \\ A_{X_{22}} \end{bmatrix} = \begin{bmatrix} -0,4 \\ 1 \end{bmatrix}$$

$$X_B = B^{-1} \cdot b \quad \Rightarrow \quad \begin{bmatrix} 9,2 \\ 8 \end{bmatrix} = \begin{bmatrix} 1 & 0,4 \\ 0 & 1 \end{bmatrix} \cdot \begin{bmatrix} b_1 \\ b_2 \end{bmatrix} \quad \Rightarrow \quad \begin{bmatrix} b_1 \\ b_2 \end{bmatrix} = \begin{bmatrix} 6 \\ 8 \end{bmatrix}$$

De donde, el modelo original:

$$\text{Min} \{ 9\,X_1 + 7\,X_2 \}$$

$$-2\,X_1 - 0,4\,X_2 \leq 6$$

$$+4\,X_1 + 1\,X_2 \leq 8$$

$$X_1 \geq 0 \qquad X_2 \geq 0$$

Ejercicio 26

Resuelva gráficamente el siguiente programa lineal:

$$\text{Max}\left\{4\,X_1 + 3\,X_2\right\}$$

$$1\,X_1 + 3\,X_2 \leq 6$$

$$3\,X_1 - 1\,X_2 \leq 3$$

$$4\,X_1 + 3\,X_2 \leq 12$$

$$X_1 \geq 0 \qquad X_2 \geq 0$$

Solución

$$2\,X_1 + 3\,X_2 \leq 9 \quad \rightarrow \quad \begin{cases} X_1 = 0,0 & X_2 = 3 \\ X_1 = 4,5 & X_2 = 0 \end{cases}$$

$$-2\,X_1 + 2\,X_2 \leq 4 \quad \rightarrow \quad \begin{cases} X_1 = 0 & X_2 = 2 \\ X_1 = -2 & X_2 = 0 \end{cases}$$

$$4\,X_1 + 3\,X_2 \leq 12 \quad \rightarrow \quad \begin{cases} X_1 = 0 & X_2 = 4 \\ X_1 = 3 & X_2 = 0 \end{cases}$$

$$3\,X_1 + 3\,X_2 = Z \quad \rightarrow \quad \begin{cases} Z = 15 & X_1 = 0 & X_2 = 5 \\ Z = 15 & X_1 = 5 & X_2 = 0 \end{cases}$$

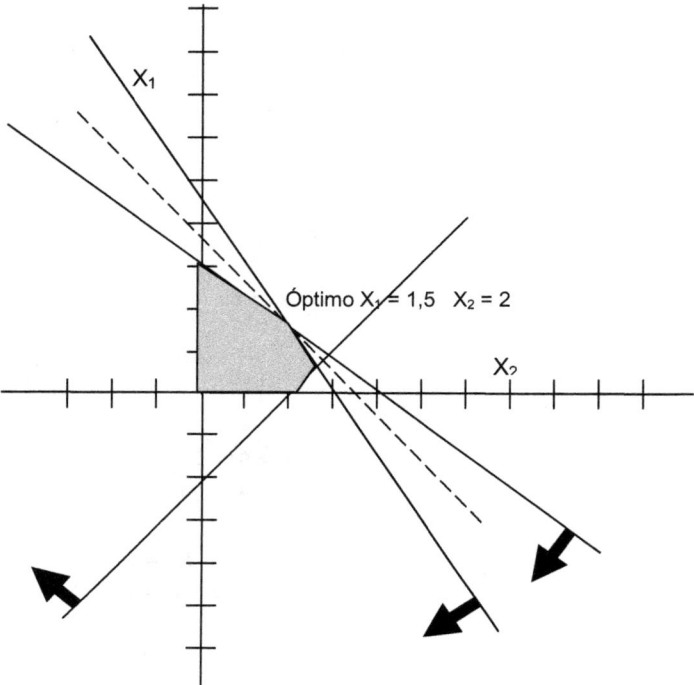

Óptimo $X_1 = 1,5$ $X_2 = 2$

Ejercicio 27

Resuelva el siguiente sistema lineal de ecuaciones mediante el algoritmo de Gauss:

$$6\,X_1 + 3\,X_2 + 3\,X_3 = 12$$

$$2\,X_1 + 3\,X_2 + 4\,X_3 = 20$$

$$X_1 + X_2 + X_3 = 4$$

Solución

X_1	X_2	X_3	
6	3	3	12
2	3	4	20
1	1	1	4

Iteración 1 - Entra en la base X_1

X_1	X_2	X_3	
1	0,5	0,5	2
0	2	3	16
0	0,5	0,5	2

Iteración 2 - Entra en la base X_2

X_1	X_2	X_3	
1	0	- 0,25	- 2
0	1	1,5	8
0	0	- 0,25	- 2

Iteración 3 - Entra en la base X_3

X_1	X_2	X_3	
1	0	0	0
0	1	0	- 4
0	0	1	8

Siendo la solución:

$$X_1 = 0 \qquad X_2 = -4 \qquad X_3 = 8$$

Ejercicio 28

La tabla siguiente muestra la solución óptima de un programa lineal. Siendo S_1 y S_2 las variables de holgura de la primera y la segunda restricción del problema original. Las restricciones son de ≤.

X_1	X_2	S_1	S_2	
0	0	- 0,857	- 0,286	- 11,4
1	0	0,143	- 0,286	0,571
0	1	0,143	0,214	2,571

Se pide:

1. Escriba el problema original.

Iteración 1 - Entra en la base S_1

	Z	X_1	X_2	S_1	S_2	
Z	1	6	0	0	- 2	- 8
S_1	0	7	0	1	- 2	4
X_2	0	- 1	1	0	0,5	2

Iteración 2 - Entra en la base S_2

	Z	X_1	X_2	S_1	S_2	
Z	1	2	4	0	0	0
S_1	0	3	4	1	0	12
S_2	0	- 2	2	0	1	4

De donde, el modelo original:

$$\text{Min}\left\{- 2\,X_1 - 4\,X_2\right\}$$

$$3\,X_1 + 4\,X_2 \leq 12$$

$$- 2\,X_1 + 2\,X_2 \leq 4$$

$$X_1 \geq 0 \qquad X_2 \geq 0$$

O bien:

$$Y_{X_1} = B^{-1} \cdot A_{X_1} \Rightarrow \begin{bmatrix} 1 \\ 0 \end{bmatrix} = \begin{bmatrix} 0,143 & -0,286 \\ 0,143 & 0,214 \end{bmatrix} \cdot \begin{bmatrix} A_{X_{11}} \\ A_{X_{12}} \end{bmatrix} \Rightarrow \begin{bmatrix} A_{X_{11}} \\ A_{X_{12}} \end{bmatrix} = \begin{bmatrix} 3 \\ -2 \end{bmatrix}$$

$$Y_{X_2} = B^{-1} \cdot A_{X_2} \Rightarrow \begin{bmatrix} 0 \\ 1 \end{bmatrix} = \begin{bmatrix} 0,143 & -0,286 \\ 0,143 & 0,214 \end{bmatrix} \cdot \begin{bmatrix} A_{X_{21}} \\ A_{X_{22}} \end{bmatrix} \Rightarrow \begin{bmatrix} A_{X_{21}} \\ A_{X_{22}} \end{bmatrix} = \begin{bmatrix} 4 \\ 2 \end{bmatrix}$$

$$X_B = B^{-1} \cdot b \Rightarrow \begin{bmatrix} 0,571 \\ 2,571 \end{bmatrix} = \begin{bmatrix} 0,143 & -0,286 \\ 0,143 & 0,214 \end{bmatrix} \cdot \begin{bmatrix} b_1 \\ b_2 \end{bmatrix} \Rightarrow \begin{bmatrix} b_1 \\ b_2 \end{bmatrix} = \begin{bmatrix} 12 \\ 4 \end{bmatrix}$$

$$Z_{S_1} - C_{S_1} = C_B \cdot B^{-1} \cdot A_{S_1} - C_{S_1}$$

$$-0,857 = \begin{bmatrix} C_{X_1} & C_{X_2} \end{bmatrix} \cdot \begin{bmatrix} 0,143 \\ 0,143 \end{bmatrix} - 0 \Rightarrow -0,857 = 0,143 \cdot C_{X_1} + 0,143 \cdot C_{X_2}$$

$$Z_{S_2} - C_{S_2} = C_B \cdot B^{-1} \cdot A_{S_2} - C_{S_2}$$

$$0,286 = \begin{bmatrix} C_{X_1} & C_{X_2} \end{bmatrix} \cdot \begin{bmatrix} -0,286 \\ 0,214 \end{bmatrix} - 0 \Rightarrow -0,286 = -0,286 \cdot C_{X_1} + 0,214 \cdot C_{X_2}$$

Resolviendo el sistema de ecuaciones

$$\left. \begin{array}{l} -0,857 = 0,143 \cdot C_{X_1} + 0,143 \cdot C_{X_2} \\ -0,286 = -0,286 \cdot C_{X_1} + 0,214 \cdot C_{X_2} \end{array} \right\} \Rightarrow \begin{bmatrix} C_{X_1} & C_{X_2} \end{bmatrix} = \begin{bmatrix} -2 & -4 \end{bmatrix}$$

2. Como afectará a la tabla óptima la introducción de una nueva variable X_3 de coeficientes $A_3 = (2, 1)$ y $c_3 = -1$.

$$Y_{X_3} = B^{-1} \cdot A_{X_3} \Rightarrow \begin{bmatrix} Y_{X_{31}} \\ Y_{X_{32}} \end{bmatrix} = \begin{bmatrix} 0,143 & -0,286 \\ 0,143 & 0,214 \end{bmatrix} \cdot \begin{bmatrix} 2 \\ 1 \end{bmatrix} = \begin{bmatrix} 0,0 \\ 0,5 \end{bmatrix}$$

$$Z_{X_3} - C_{X_3} = C_B \cdot B^{-1} \cdot A_{X_3} - C_{X_3} = \begin{bmatrix} -2 & -4 \end{bmatrix} \cdot \begin{bmatrix} 0,0 \\ 0,5 \end{bmatrix} - (-1) = -1$$

	Z	X_1	X_2	X_3	S_1	S_2	
Z	1	0	0	-1	-0,857	-0,286	-11,4
X_1	0	1	0	0	0,143	-0,286	0,571
X_2	0	0	1	0,5	0,143	0,214	2,571

La nueva solución sigue siendo óptima dado que ninguna variable puede entrar en la base y mejorar la solución actual, ya que el coste reducido de las variables no básicas es negativo y el problema es de minimización. Siendo la solución óptima:

$$X_1 = 0,571 \qquad X_2 = 2,571 \qquad Z = -11,4$$

3. El valor umbral de c_3 para que X_3 sea variable básica en la tabla óptima.

$$Z_{X_3} - C_{X_3} = C_B \cdot B^{-1} \cdot A_{X_3} - C_{X_3} = \begin{bmatrix} -2 & -4 \end{bmatrix} \cdot \begin{bmatrix} 0,0 \\ 0,5 \end{bmatrix} - C_{X_3} = -2 - C_{X_3}$$

$$Z_{X_3} - C_{X_3} \geq 0 \quad \Rightarrow \quad -2 - C_{X_3} \geq 0 \quad \Rightarrow \quad C_{X_3} \leq -2$$

Ejercicio 29

Dado el siguiente programa lineal:

$$\text{Max} \left\{ 7\,X_1 + 3\,X_2 + 2\,X_3 \right\}$$

$$3\,X_1 + 0\,X_2 + 2\,X_3 \leq 6$$

$$2\,X_1 + 1\,X_2 + 0\,X_3 \leq 4$$

$$X_1 \geq 0 \qquad X_2 \geq 0 \qquad X_3 \geq 0$$

Se pide:

1. Plantear el problema dual.

$$\text{Min} \left\{ 6\,W_1 + 4\,W_2 \right\}$$

$$3\,W_1 + 2\,W_2 \geq 7$$

$$0\,W_1 + 1\,W_2 \geq 3$$

$$2\,W_1 + 0\,W_2 \geq 2$$

$$W_1 \geq 0 \qquad W_2 \geq 0$$

2. Halle el valor de las variables del dual.

Incluyendo en el modelo las variables de holgura y las variables de exceso que correspondan con la finalidad de expresar el modelo en formato estándar:

$$\text{Min} \left\{ 6\,W_1 + 4\,W_2 \right\}$$

$$3\,W_1 + 2\,W_2 - 1\,E_1 = 7$$

$$0\,W_1 + 1\,W_2 - 1\,E_2 = 3$$

$$2\,W_1 + 0\,W_2 - 1\,E_3 = 2$$

$$W_1 \geq 0 \qquad W_2 \geq 0$$

Las ecuaciones que tienen variables de exceso deben multiplicarse por (- 1) en ambos lados con la finalidad de hacer positivo el coeficiente de la variable de exceso y formar así el vector unitario que permita tomar la variable de exceso como variable básica inicial, sin necesidad de agregar una variable artificial a esa restricción.

	Z	W_1	W_2	E_1	E_2	E_3	
Z	1	- 6	- 4	0	0	0	0
E_1	0	- 3	- 2	1	0	0	- 7
E_2	0	0	- 1	0	1	0	- 3
E_3	0	- 2	0	0	0	1	- 2

La solución resultante si bien es óptima dado que todos los costes reducidos son negativos y el problema es de minimización, no es factible dado que no cumple con la condición de no negatividad de las variables. Para reconstruir la factibilidad debe aplicar el método simplex dual.

Iteración 1 - Sale de la base E_1 ya que su valor es negativo (no es factible), y de todos los valores negativos de las variables básicas, el mayor en valor absoluto. Entra de la base:

$$\text{Min}\left\{\frac{Z_j - C_j}{a_{E_1, j}}, a_{E_1, j} < 0\right\} = \text{Min}\left\{\frac{-6}{-3}, \frac{-4}{-2}\right\} = 2 \quad \rightarrow \quad W_1$$

	Z	W_1	W_2	E_1	E_2	E_3	
Z	1	0	0	- 2	0	0	14
W_1	0	1	0,66	- 0,33	0	0	2,33
E_2	0	0	- 1	0	1	0	- 3
E_3	0	0	1,33	- 0,66	0	1	2,66

Iteración 2 - Sale de la base E_2 ya que su valor es negativo (no es factible), y de todos los valores negativos de las variables básicas, el mayor en valor absoluto. Entra de la base:

$$\text{Min}\left\{\frac{Z_j - C_j}{a_{E_2, j}}, a_{E_2, j} < 0\right\} = \text{Min}\left\{\frac{0}{-1}, -\right\} = 0 \quad \rightarrow \quad W_2$$

	Z	W_1	W_2	E_1	E_2	E_3	
Z	1	0	0	- 2	0	0	14
W_1	0	1	0	- 0,33	0,66	0	0,33
W_2	0	0	1	0	- 1	0	3
E_3	0	0	0	- 0,66	1,33	1	- 1,34

Iteración 3 - Sale de la base E_3 ya que su valor es negativo (no es factible), y de todos los valores negativos de las variables básicas, el mayor en valor absoluto. Entra de la base:

$$\text{Min}\left\{\frac{Z_j - C_j}{a_{E_3, j}}, a_{E_3, j} < 0\right\} = \text{Min}\left\{\frac{-2}{-0,66}, -\right\} = 3 \quad \rightarrow \quad E_1$$

	Z	W_1	W_2	E_1	E_2	E_3	
Z	1	0	0	0	- 4	- 3	18
W_1	0	1	0	0	0	- 0,5	1
W_2	0	0	1	0	- 1	0	3
E_1	0	0	0	1	- 2	- 1,5	2

La solución hallada es óptima dado que ninguna variable puede entrar en la base y mejorar la solución actual, ya que el coste reducido de las variables no básicas es negativo y el problema es de minimización. Siendo la solución óptima:

$$W_1 = 1 \qquad W_2 = 3 \qquad E_1 = 2 \qquad Z = 18$$

O bien gráficamente:

$$3\,W_1 + 2\,W_2 \geq 7 \quad \rightarrow \quad \begin{cases} W_1 = 0,0 & W_2 = 3,5 \\ W_1 = 2,3 & W_2 = 0,0 \end{cases}$$

$$1\,W_2 \geq 3$$

$$2\,W_1 \geq 2$$

$$6\,W_1 + 4\,W_2 = Z \quad \rightarrow \quad \begin{cases} Z = 24 & W_1 = 0 & W_2 = 6 \\ Z = 24 & W_1 = 4 & W_2 = 0 \end{cases}$$

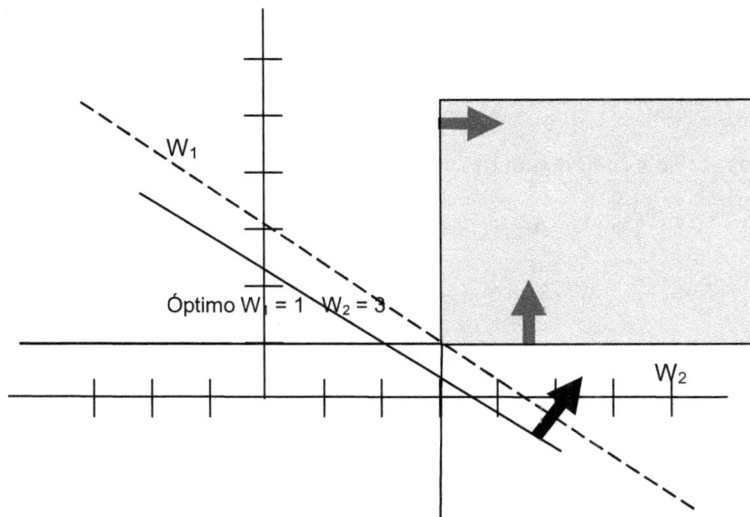

3. *A partir de la solución del dual encuentre el valor de las variables del primal, el valor de las variables de holgura, y el valor de la función objetivo.*

Teorema de la ortogonalidad u holgura complementaria:

$$X_1 \cdot E_1 = 0 \quad \rightarrow \quad E_1 = 2 \quad \Rightarrow \quad X_1 = 0$$

$$X_2 \cdot E_2 = 0 \quad \rightarrow \quad E_2 = 0 \quad \Rightarrow \quad X_2 > 0$$

$$X_3 \cdot E_3 = 0 \quad \rightarrow \quad E_3 = 0 \quad \Rightarrow \quad X_3 > 0$$

De donde:

$$\left. \begin{cases} 0\,X_2 + 2\,X_3 = 6 \\ 1\,X_2 + 0\,X_3 = 4 \end{cases} \right\} \quad \Rightarrow \quad X_2 = 4 \qquad X_3 = 3$$

O bien directamente de la tabla óptima del dual:

	Z	W_1	W_2	E_1	E_2	E_3	
Z	1	0	0	0	- 4	- 3	18
W_1	0	1	0	0	0	- 0,5	1
W_2	0	0	1	0	- 1	0	3
E_1	0	0	0	1	- 2	- 1,5	2

El valor de las variables del primal se corresponde con el valor del coste reducido de las variables de exceso.

$$X_1 = 0 \qquad X_2 = 4 \qquad X_3 = 3 \qquad Z = 18$$

Siendo el valor de las variables de holgura del primal:

$$W_1 \cdot S_1 = 0 \quad \rightarrow \quad W_1 = 1 \quad \Rightarrow \quad S_1 = 0$$

$$W_2 \cdot S_2 = 0 \quad \rightarrow \quad W_2 = 3 \quad \Rightarrow \quad S_2 = 0$$

O bien directamente de la tabla óptima del dual:

	Z	W_1	W_2	E_1	E_2	E_3	
Z	1	0	0	0	- 4	- 3	18
W_1	0	1	0	0	0	- 0,5	1
W_2	0	0	1	0	- 1	0	3
E_1	0	0	0	1	- 2	- 1,5	2

El valor de las variables de holgura del primal se corresponde con el valor del coste reducido de las variables del dual.

$$S_1 = 0 \qquad\qquad S_2 = 0$$

Siendo el valor de la función objetivo:

$$Z = C_B \cdot X_B = \begin{bmatrix} 3 & 2 \end{bmatrix} \cdot \begin{bmatrix} 4 \\ 3 \end{bmatrix} = 18$$

Ejercicio 30

Resuelva el siguiente programa lineal mediante el método de las dos fases.

$$\text{Max} \left\{ 2\,X_1 + 4\,X_2 \right\}$$

$$-2\,X_1 + 2\,X_2 \leq 4$$

$$2\,X_1 + 1\,X_2 \leq 9$$

$$2\,X_1 + 3\,X_2 = 11$$

$$X_1 \geq 0 \qquad X_2 \geq 0$$

Solución

En primer lugar incluya en el modelo las variables de holgura y las variables artificiales que corresponda:

$$-2\,X_1 + 2\,X_2 + 1\,S_1 = 4$$

$$2\,X_1 + 1\,X_2 + 1\,S_2 = 9$$

$$2\,X_1 + 3\,X_2 + 1\,A_1 = 11$$

Resuelva seguidamente la fase I del método simplex:

$$\text{Min} \left\{ 1\,A_1 \right\}$$

$$-2\,X_1 + 2\,X_2 + 1\,S_1 = 4$$

$$2\,X_1 + 1\,X_2 + 1\,S_2 = 9$$

$$2\,X_1 + 3\,X_2 + 1\,A_1 = 11$$

$$X_i \geq 0 \qquad A_i \geq 0$$

En la primera fila de la tabla debe colocar los costes reducidos de cada variable, así como el valor de la función objetivo:

$$Z_j - C_j = C_B \cdot B^{-1} \cdot N - C_N$$

$$Z_j - C_j = \begin{bmatrix} 0 & 0 & 1 \end{bmatrix} \cdot \begin{bmatrix} -2 & 2 \\ 2 & 1 \\ 2 & 3 \end{bmatrix} - \begin{bmatrix} 0 & 0 \end{bmatrix} = \begin{bmatrix} 2 & 3 \end{bmatrix}$$

$$Z = C_B \cdot X_B = \begin{bmatrix} 0 & 0 & 1 \end{bmatrix} \cdot \begin{bmatrix} 4 \\ 9 \\ 11 \end{bmatrix} = 11$$

	Z	X_1	X_2	S_1	S_2	A_1	
Z	1	2	3	0	0	0	11
S_1	0	-2	2	1	0	0	4
S_2	0	2	1	0	1	0	9
A_1	0	2	3	0	0	1	11

Iteración 1 - Entra en la base X_2 ya que tiene el coste reducido positivo, y de todos los positivos, el mayor. Sale de la base:

$$\text{Min} \left\{ \frac{B^{-1} b}{Y_{X_2}}, Y_{X_2} > 0 \right\} = \text{Min} \left\{ \frac{4}{2}, \frac{9}{1}, \frac{11}{3} \right\} = \frac{4}{2} \quad \rightarrow \quad S_1$$

	Z	X_1	X_2	S_1	S_2	A_1	
Z	1	5	0	-1,5	0	0	5
X_2	0	-1	1	0,5	0	0	2
S_2	0	3	0	-0,5	1	0	7
A_1	0	5	0	-1,5	0	1	5

Iteración 2 - Entra en la base X_1 ya que tiene el coste reducido positivo, y de todos los positivos, el mayor. Sale de la base:

$$\text{Min} \left\{ \frac{B^{-1} b}{Y_{X_1}}, Y_{X_1} > 0 \right\} = \text{Min} \left\{ -, \frac{7}{3}, \frac{5}{5} \right\} = \frac{5}{5} \quad \rightarrow \quad A_1$$

	Z	X_1	X_2	S_1	S_2	A_1	
Z	1	0	0	0	0	-1	0
X_2	0	0	1	0,2	0	0,2	3
S_2	0	0	0	0,4	1	-0,6	4
X_1	0	1	0	-0,3	0	0,2	1

Fase 2:

$$\text{Max}\ \{2\,X_1 + 4\,X_2 - M\,A_1\}$$

$$-2\,X_1 + 2\,X_2 + 1\,S_1 = 4$$

$$2\,X_1 + 1\,X_2 + 1\,S_2 = 9$$

$$2\,X_1 + 3\,X_2 + 1\,A_1 = 11$$

$$X_i \geq 0$$

$$Z_j - C_j = \begin{bmatrix} 4 & 0 & 2 \end{bmatrix} \cdot \begin{bmatrix} 0,2 & 0,2 \\ 0,4 & -0,6 \\ -0,3 & 0,2 \end{bmatrix} - \begin{bmatrix} 0 & -M \end{bmatrix} = \begin{bmatrix} 0,2 & 1,2+M \end{bmatrix}$$

$$Z = C_B \cdot X_B = \begin{bmatrix} 4 & 0 & 2 \end{bmatrix} \cdot \begin{bmatrix} 3 \\ 4 \\ 1 \end{bmatrix} = 14$$

	Z	X_1	X_2	S_1	S_2	A_1	
Z	1	0	0	0,2	0	1,2 + M	14
X_2	0	0	1	0,2	0	0,2	3
S_2	0	0	0	0,4	1	- 0,6	4
X_1	0	1	0	- 0,3	0	0,2	1

La solución hallada es óptima dado que ninguna variable puede entrar en la base y mejorar la solución actual, ya que el coste reducido de las variables no básicas es positivo y el problema es de maximización. Siendo la solución óptima:

$$X_1 = 1 \qquad X_2 = 3 \qquad Z = 14$$

Ejercicio 31

Para el programa lineal:

$$\text{Minimizar } c \cdot x$$

$$A \cdot x = b$$

$$x \geq 0$$

Con la siguiente matriz A:

2	-1	4	1	0
1	4	-3	0	1

Y el vector b = (10, 5). Se da la siguiente tabla incompleta para una iteración del simplex revisado:

Z	0,333	0,333	
X_1	0,444	0,111	
X_2	- 0,111	0,222	

Complete la tabla y construya la tabla del simplex normal correspondiente a la anterior.

Solución

$$X_B = B^{-1} \cdot b = \begin{bmatrix} 0,444 & 0,111 \\ -0,111 & 0,222 \end{bmatrix} \cdot \begin{bmatrix} 10 \\ 5 \end{bmatrix} = \begin{bmatrix} 5 \\ 0 \end{bmatrix}$$

$$W = C_B \cdot B^{-1} \quad \Rightarrow \quad (0,333 \quad 0,333) = \begin{pmatrix} C_{X_1} & C_{X_2} \end{pmatrix} \cdot \begin{bmatrix} 0,444 & 0,111 \\ -0,111 & 0,222 \end{bmatrix}$$

$$W = C_B \cdot B^{-1} \quad \Rightarrow \quad \begin{bmatrix} 0,333 \\ 0,333 \end{bmatrix} = \begin{bmatrix} 0,444\,C_{X_1} - 0,111\,C_{X_2} \\ 0,111\,C_{X_1} + 0,222\,C_{X_2} \end{bmatrix} \quad \Rightarrow \quad \begin{bmatrix} C_{X_1} \\ C_{X_2} \end{bmatrix} = \begin{bmatrix} 1 \\ 1 \end{bmatrix}$$

$$Z = C_B \cdot X_B = \begin{pmatrix} 1 & 1 \end{pmatrix} \cdot \begin{bmatrix} 5 \\ 0 \end{bmatrix} = 5$$

De donde la tabla completa del simplex revisado:

Z	0,333	0,333	5
X_1	0,444	0,111	5
X_2	- 0,111	0,222	0

Y la tabla del simplex normal:

	Z	X_1	X_2	X_3	A_1	A_2	
Z	1	0	0		0,333	0,333	5
X_1	0	1	0		0,444	0,111	5
X_2	0	0	1		- 0,111	0,222	0

$$Y_{X_3} = B^{-1} \cdot A_{X_3} \quad \Rightarrow \quad \begin{bmatrix} Y_{X_{31}} \\ Y_{X_{32}} \end{bmatrix} = \begin{bmatrix} 0,444 & 0,111 \\ -0,111 & 0,222 \end{bmatrix} \cdot \begin{bmatrix} 4 \\ -3 \end{bmatrix} = \begin{bmatrix} 1,444 \\ -1,111 \end{bmatrix}$$

$$Z_{X_3} - C_{X_3} = C_B \cdot B^{-1} \cdot A_{X_3} - C_{X_3} = \begin{bmatrix} 0,333 & 0,333 \end{bmatrix} \cdot \begin{bmatrix} 4 \\ -3 \end{bmatrix} - C_{X_3} = 0,333 - C_{X_3}$$

De donde:

	Z	X_1	X_2	X_3	A_1	A_2	
Z	1	0	0	$0,3 - C_{X3}$	0,333	0,333	5
X_1	0	1	0	1,444	0,444	0,111	5
X_2	0	0	1	- 1,111	- 0,111	0,222	0

Ejercicio 32

Su alimentación requiere que lo que coma pertenezca a uno de los siguientes grupos de alimentos (pastel de chocolate, helado, refrescos, y pastel de queso). Dispone de los siguientes alimentos para el consumo: bizcochos de chocolate, helado de chocolate, cola, y pastel de queso, siendo su coste de 4 euros cada bizcocho, 2 euros cada bola de helado de chocolate, 3 euros una botella de refresco, y 6 euros una porción de pastel de queso. Cada día necesita ingerir por lo menos 600 calorías, 20 gramos de chocolate, 30 gramos de azúcar, y 25 gramos de grasa. El contenido nutritivo unitario de cada elemento se muestra en la tabla.

	Calorías	Chocolate	Azúcar	Grasa
Bizcocho	300	2	1	1
Helado	200	1	1	2
Refresco	100	0	2	1
Pastel queso	400	0	3	3

Resolviendo el programa lineal correspondiente, se obtiene la siguiente solución:

	Variable	Valor	Coste reducido
Bizcocho	X_B	0	- 1,5
Helado de chocolate	X_H	20	0
Refresco	X_R	5	0
Pastel de queso	X_P	0	- 1,5
	E_1	3900	0
	E_2	0	- 0,5
	E_3	0	- 1,5
	E_4	20	0

Se pide:

1. Determine si la solución actual sigue siendo óptima en el caso de que el precio unitario del bizcocho aumente hasta 5 euros y el precio de una porción de pastel de queso disminuya hasta 5 euros. En caso de que no siga siendo óptima la solución, halle la nueva solución óptima.

La solución óptima expresada en formato tabular:

	Z	X_B	X_H	X_R	X_P	E_1	E_2	E_3	E_4	
Z	1	- 1,5	0	0	- 1,5	0	- 0,5	- 1,5	0	
X_H	0		1	0		0			0	20
X_R	0		0	1		0			0	5
E_1	0		0	0		1			0	3900
E_4	0		0	0		0			1	20

Dado que el bizcocho y el pastel de fresa son variables no básicas, si varía su coste unitario, únicamente cambia en la tabla óptima el coste reducido de dichas variables.

$$Z_{X_B} - C_{X_B}^{nuevo} = \left(Z_{X_B} - C_{X_B}^{actual}\right) + C_{X_B}^{actual} - C_{X_B}^{nuevo} = -1,5 + 4 - 5 = -2,5$$

$$Z_{X_P} - C_{X_P}^{nuevo} = \left(Z_{X_P} - C_{X_P}^{actual}\right) + C_{X_P}^{actual} - C_{X_P}^{nuevo} = -1,5 + 6 - 5 = -0,5$$

La solución sigue siendo óptima dado que ninguna variable puede entrar en la base y mejorar la solución actual, ya que el coste reducido de las variables no básicas es negativo y el problema es de minimización. Siendo la solución óptima:

$$X_H = 20 \qquad X_R = 5 \qquad X_B = 0 \qquad X_P = 0$$

2. Hasta que valor puede rebajarse el precio de un bizcocho de forma que la base actual siga siendo óptima.

Formulando el programa lineal original, resulta:

$$\text{Min} \left\{4\,X_B + 2\,X_H + 3\,X_R + 6\,X_P\right\}$$

$$300\,X_B + 200\,X_H + 100\,X_R + 400\,X_P \geq 600$$

$$2\,X_B + 1\,X_H + 0\,X_R + 0\,X_P \geq 20$$

$$1\,X_B + 1\,X_H + 2\,X_R + 3\,X_P \geq 30$$

$$1\,X_B + 2\,X_H + 1\,X_R + 3\,X_P \geq 25$$

$$X_i \geq 0$$

Incluya en el modelo las variables de exceso y las variables artificiales que corresponda:

$$300\,X_B + 200\,X_H + 100\,X_R + 400\,X_P - 1\,E_1 + 1\,A_1 = 600$$

$$2\,X_B + 1\,X_H + 0\,X_R + 0\,X_P - 1\,E_2 + 1\,A_2 = 20$$

$$1\,X_B + 1\,X_H + 2\,X_R + 3\,X_P - 1\,E_3 + 1\,A_3 = 30$$

$$1\,X_B + 2\,X_H + 1\,X_R + 3\,X_P - 1\,E_4 + 1\,A_4 = 25$$

Resuelva la fase I del método simplex:

$$\text{Min}\left\{+1\,A_1 +1\,A_2 +1\,A_3 +1\,A_4\right\}$$

$$300\,X_B + 200\,X_H + 100\,X_R + 400\,X_P - 1\,E_1 + 1\,A_1 = 600$$

$$2\,X_B + 1\,X_H + 0\,X_R + 0\,X_P - 1\,E_2 + 1\,A_2 = 20$$

$$1\,X_B + 1\,X_H + 2\,X_R + 3\,X_P - 1\,E_3 + 1\,A_3 = 30$$

$$1\,X_B + 2\,X_H + 1\,X_R + 3\,X_P - 1\,E_4 + 1\,A_4 = 25$$

$$X_i \geq 0 \qquad\qquad A_i \geq 0$$

En la primera fila de la tabla debe colocar los costes reducidos de cada variable, así como el valor de la función objetivo:

$$Z_j - C_j = C_B \cdot B^{-1} \cdot N - C_N$$

$$Z_j - C_j = \begin{bmatrix} 1 & 1 & 1 & 1 \end{bmatrix} \cdot \begin{bmatrix} 300 & 200 & 100 & 400 \\ 2 & 1 & 0 & 0 \\ 1 & 1 & 2 & 3 \\ 1 & 2 & 1 & 3 \end{bmatrix} - \begin{bmatrix} 0 & 0 & 0 & 0 \end{bmatrix} = \begin{bmatrix} 304 & 204 & 103 & 406 \end{bmatrix}$$

$$Z = C_B \cdot X_B = \begin{bmatrix} 1 & 1 & 1 & 1 \end{bmatrix} \cdot \begin{bmatrix} 600 \\ 20 \\ 30 \\ 25 \end{bmatrix} = 675$$

	Z	X_B	X_H	X_R	X_P	E_1	E_2	E_3	E_4	A_1	A_2	A_3	A_4	
Z	1	304	204	103	406	-1	-1	-1	-1	0	0	0	0	675
A_1	0	300	200	100	400	-1	0	0	0	1	0	0	0	600
A_2	0	2	1	0	0	0	-1	0	0	0	1	0	0	20
A_3	0	1	1	2	3	0	0	-1	0	0	0	1	0	30
A_4	0	1	2	1	3	0	0	0	-1	0	0	0	1	25

Iteración 1 - Entra en la base X_P ya que tiene el coste reducido positivo, y de todos los positivos, el mayor. Sale de la base:

$$\text{Min}\left\{\frac{B^{-1}\,b}{Y_{X_P}}, Y_{X_P} > 0\right\} = \text{Min}\left\{\frac{600}{400}, -, \frac{30}{3}, \frac{25}{3}\right\} = \frac{600}{400} \quad \rightarrow \quad A_1$$

	Z	X_B	X_H	X_R	X_P	E_1	E_2	E_3	E_4	A_1	A_2	A_3	A_4	
Z	1	- 0,5	1	1,5	0	0,015	- 1	- 1	- 1	- 1,015	0	0	0	66
X_P	0	0,75	0,5	0,25	1	- 0,0025	0	0	0	0,0025	0	0	0	1,5
A_2	0	2	1	0	0	0	- 1	0	0	0	1	0	0	20
A_3	0	- 1,25	- 0,5	1,25	0	0,0075	0	- 1	0	- 0,0075	0	1	0	25,5
A_4	0	- 1,25	0,5	0,25	0	0,0075	0	0	- 1	- 0,0075	0	0	1	20,5

Iteración 2 - Entra en la base X_R ya que tiene el coste reducido positivo, y de todos los positivos, el mayor. Sale de la base:

$$\text{Min}\left\{\frac{B^{-1}\,b}{Y_{X_R}}, Y_{X_R} > 0\right\} = \text{Min}\left\{\frac{1,5}{0,25}, -, \frac{25,5}{1,25}, \frac{20,5}{0,25}\right\} = \frac{1,5}{0,25} \quad \rightarrow \quad X_P$$

	Z	X_B	X_H	X_R	X_P	E_1	E_2	E_3	E_4	A_1	A_2	A_3	A_4	
Z	1	- 5	- 2	0	- 6	0,03	- 1	- 1	- 1	- 1,03	0	0	0	57
X_R	0	3	2	1	4	- 0,01	0	0	0	0,01	0	0	0	6
A_2	0	2	1	0	0	0	- 1	0	0	0	1	0	0	20
A_3	0	- 5	- 3	0	- 5	0,02	0	- 1	0	- 0,02	0	1	0	18
A_4	0	- 2	0	0	- 1	0,01	0	0	- 1	- 0,01	0	0	1	19

Iteración 3 - Entra en la base E_1 ya que tiene el coste reducido positivo, y de todos los positivos, el mayor. Sale de la base:

$$\text{Min}\left\{\frac{B^{-1}\,b}{Y_{E_1}}, Y_{E_1} > 0\right\} = \text{Min}\left\{-, -, \frac{18}{0,02}, \frac{19}{0,01}\right\} = \frac{18}{0,02} \quad \rightarrow \quad A_3$$

	Z	X_B	X_H	X_R	X_P	E_1	E_2	E_3	E_4	A_1	A_2	A_3	A_4	
Z	1	2,5	2,5	0	1,5	0	- 1	0,5	- 1	- 1	0	- 1,5	0	30
X_R	0	0,5	0,5	1	1,5	0	0	- 0,5	0	0	0	0,5	0	15
A_2	0	2	1	0	0	0	- 1	0	0	0	1	0	0	20
E_1	0	- 250	- 150	0	- 250	1	0	- 50	0	- 1	0	50	0	900
A_4	0	0,5	1,5	0	1,5	0	0	0,5	- 1	0	0	- 0,5	1	10

Iteración 4 - Entra en la base X_H ya que tiene el coste reducido positivo, y de todos los positivos, el mayor. Sale de la base:

$$\text{Min}\left\{\frac{B^{-1}\,b}{Y_{X_H}}, Y_{X_H} > 0\right\} = \text{Min}\left\{\frac{15}{0,5}, \frac{20}{1}, -, \frac{10}{1,5}\right\} = \frac{10}{1,5} \quad \rightarrow \quad A_4$$

	Z	X_B	X_H	X_R	X_P	E_1	E_2	E_3	E_4	A_1	A_2	A_3	A_4	
Z	1	1,66	0	0	- 1	0	- 1	- 0,3	0,66	- 1	0	- 0,6	- 1,6	13,3
X_R	0	0,33	0	1	1	0	0	- 0,6	0,33	0	0	0,66	- 0,3	11,6
A_2	0	1,66	0	0	- 1	0	- 1	- 0,3	0,66	0	1	0,33	- 0,6	13,3
E_1	0	- 200	0	0	- 100	1	0	0	- 100	- 1	0	0	100	1900
X_H	0	0,33	1	0	1	0	0	0,33	- 0,6	0	0	- 0,3	0,66	6,66

Iteración 5 - Entra en la base X_B ya que tiene el coste reducido positivo, y de todos los positivos, el mayor. Sale de la base:

$$\text{Min}\left\{\frac{B^{-1}\,b}{Y_{X_B}},Y_{X_B}>0\right\}=\text{Min}\left\{\frac{11,6}{0,33},\frac{13,3}{1,66},-,\frac{6,66}{0,33}\right\}=\frac{13,3}{1,66}\quad\rightarrow\quad A_2$$

	Z	X_B	X_H	X_R	X_P	E_1	E_2	E_3	E_4	A_1	A_2	A_3	A_4	
Z	1	0	0	0	0	0	0	0	0	- 1	- 1	- 1	- 1	0
X_R	0	0	0	1	1,20	0	0,20	- 0,6	0,2	0	- 0,20	0,6	- 0,20	9
X_B	0	1	0	0	- 0,6	0	- 0,6	- 0,2	0,4	0	0,6	0,2	- 0,4	8
E_1	0	0	0	0	- 220	1	- 120	- 40	- 20	- 1	120	40	20	3500
X_H	0	0	1	0	1,20	0	0,20	0,4	- 0,8	0	- 0,20	- 0,4	0,8	4

Fase 2:

$$\text{Min}\left\{4\,X_B+2\,X_H+3\,X_R+6\,X_P+M\,A_1+M\,A_2+M\,A_3+M\,A_4\right\}$$

$$300\,X_B+200\,X_H+100\,X_R+400\,X_P-1\,E_1+1\,A_1=600$$

$$2\,X_B+1\,X_H+0\,X_R+0\,X_P-1\,E_2+1\,A_2=20$$

$$1\,X_B+1\,X_H+2\,X_R+3\,X_P-1\,E_3+1\,A_3=30$$

$$1\,X_B+2\,X_H+1\,X_R+3\,X_P-1\,E_4+1\,A_4=25$$

$$X_i\geq0$$

$$Z_j - C_j = C_B \cdot B^{-1} \cdot N - C_N$$

$$
C_B \cdot B^{-1} \cdot N = \begin{bmatrix} 3 & 4 & 0 & 2 \end{bmatrix} \cdot
\begin{bmatrix}
1{,}20 & 0{,}20 & -0{,}6 & 0{,}2 & 0 & -0{,}20 & 0{,}6 & -0{,}20 \\
-0{,}6 & -0{,}6 & -0{,}2 & 0{,}4 & 0 & 0{,}6 & 0{,}2 & -0{,}4 \\
-220 & -120 & -40 & -20 & -1 & 120 & 40 & 20 \\
1{,}20 & 0{,}20 & 0{,}4 & -0{,}8 & 0 & -0{,}20 & -0{,}4 & 0{,}8
\end{bmatrix}
$$

$$Z_j - C_j = \begin{bmatrix} 3{,}6 & -1{,}4 & -1{,}8 & 0{,}6 & 0 & 1{,}4 & 1{,}8 & -0{,}6 \end{bmatrix} - \begin{bmatrix} 6 & 0 & 0 & 0 & M & M & M & M \end{bmatrix}$$

$$Z_j - C_j = \begin{bmatrix} -2{,}4 & -1{,}4 & -1{,}8 & 0{,}6 & -M & 1{,}4 - M & 1{,}8 - M & -0{,}6 - M \end{bmatrix}$$

$$Z = C_B \cdot X_B = \begin{bmatrix} 3 & 4 & 0 & 2 \end{bmatrix} \cdot \begin{bmatrix} 9 \\ 8 \\ 3500 \\ 4 \end{bmatrix} = 67$$

	Z	X_B	X_H	X_R	X_P	E_1	E_2	E_3	E_4	A_1	A_2	A_3	A_4	
Z	1	0	0	0	-2,4	0	-1,4	-1,8	0,6	-M	1,4 - M	1,8 - M	-0,6 - M	67
X_R	0	0	0	1	1,20	0	0,20	-0,6	0,2	0	-0,2	0,6	-0,2	9
X_B	0	1	0	0	-0,6	0	-0,6	-0,2	0,4	0	0,6	0,2	-0,4	8
E_1	0	0	0	0	-220	1	-120	-40	-20	-1	120	40	20	3500
X_H	0	0	1	0	1,20	0	0,20	0,4	-0,8	0	-0,2	-0,4	0,8	4

Iteración 1 - Entra en la base E_4 ya que tiene el coste reducido positivo, y de todos los positivos, el mayor. Sale de la base:

$$\text{Min} \left\{ \frac{B^{-1} b}{Y_{E_4}}, Y_{E_4} > 0 \right\} = \text{Min} \left\{ \frac{9}{0{,}2}, \frac{8}{0{,}4}, -, - \right\} = \frac{8}{0{,}4} \quad \rightarrow \quad X_B$$

	Z	X_B	X_H	X_R	X_P	E_1	E_2	E_3	E_4	A_1	A_2	A_3	A_4	
Z	1	-1,5	0	0	-1,5	0	-0,5	-1,5	0	-M	0,5 - M	1,5 - M	-M	55
X_R	0	-0,5	0	1	1,5	0	0,50	-0,5	0	0	-0,5	0,5	0	5
E_4	0	2,5	0	0	-1,5	0	-1,5	-0,5	1	0	1,5	0,5	-1	20
E_1	0	50	0	0	-250	1	-150	-50	0	-1	150	50	0	3900
X_H	0	2	1	0	0	0	-1	0	0	0	1	0	0	20

La solución hallada es óptima dado que ninguna variable puede entrar en la base y mejorar la solución actual, ya que el coste reducido de las variables no básicas es negativo y el problema es de minimización.

De donde la inversa de la base:

$$B^{-1} = \begin{bmatrix} 0 & -0,5 & 0,5 & 0 \\ 0 & 1,5 & 0,5 & -1 \\ -1 & 150 & 50 & 0 \\ 0 & 1 & 0 & 0 \end{bmatrix}$$

$$Z_{X_B} - C_{X_B} = C_B \cdot B^{-1} \cdot N - C_N = \begin{bmatrix} 3 & 0 & 0 & 2 \end{bmatrix} \cdot \begin{bmatrix} -0,5 \\ 2,5 \\ 50 \\ 2 \end{bmatrix} - C_{X_B} = 2,5 - \begin{bmatrix} 4 + \Delta C_{X_B} \end{bmatrix}$$

$$Z_{X_B} - C_{X_B} \leq 0 \implies 2,5 - \begin{bmatrix} 4 + \Delta C_{X_B} \end{bmatrix} \leq 0 \implies \Delta C_{X_B} \geq -1,5$$

El precio de un bizcocho puede rebajarse hasta 4 − 1,5 = 2,5 euros de forma que la base actual siga siendo óptima.

3. Hasta que valor puede rebajarse el precio de una porción de pastel de queso de forma que la base actual siga siendo óptima.

$$Z_{X_P} - C_{X_P} = C_B \cdot B^{-1} \cdot N - C_N = \begin{bmatrix} 3 & 0 & 0 & 2 \end{bmatrix} \cdot \begin{bmatrix} 1,5 \\ -1,5 \\ -250 \\ 0 \end{bmatrix} - C_{X_P} = 4,5 - \begin{bmatrix} 6 + \Delta C_{X_P} \end{bmatrix}$$

$$Z_{X_B} - C_{X_P} \leq 0 \implies 4,5 - \begin{bmatrix} 6 + \Delta C_{X_P} \end{bmatrix} \leq 0 \implies \Delta C_{X_P} \geq -1,5$$

El precio de una porción de pastel de queso puede rebajarse hasta 6 − 1,5 = 4,5 euros de forma que la base actual siga siendo óptima.

Ejercicio 33

Resuelva el siguiente programa lineal mediante el algoritmo del simplex con cotas.

$$\text{Max} \left\{ 8\,X_1 + 6\,X_2 \right\}$$

$$4\,X_1 + 3\,X_2 \geq 6$$

$$1\,X_1 + 3\,X_2 \geq 13$$

$$0 \leq X_1 \leq 1$$

$$0 \leq X_2 \leq 6$$

Solución

En primer lugar incluya en el modelo las variables exceso y las variables artificiales que corresponda:

$$4\,X_1 + 3\,X_2 - 1\,E_1 + 1\,A_1 = 6$$

$$1\,X_1 + 3\,X_2 - 1\,E_2 + 1\,A_2 = 13$$

Resuelva seguidamente la fase I del método simplex:

$$\text{Min} \left\{ 1\,A_1 + 1\,A_2 \right\}$$

$$4\,X_1 + 3\,X_2 - 1\,E_1 + 1\,A_1 = 6$$

$$1\,X_1 + 3\,X_2 - 1\,E_2 + 1\,A_2 = 13$$

$$0 \leq X_1 \leq 1$$

$$0 \leq X_2 \leq 6$$

En la primera fila de la tabla debe colocar los costes reducidos de cada variable, así como el valor de la función objetivo:

$$Z_j - C_j = C_B \cdot B^{-1} \cdot N - C_N$$

$$Z_j - C_j = \begin{bmatrix} 1 & 1 \end{bmatrix} \cdot \begin{bmatrix} 4 & 3 & -1 & 0 \\ 1 & 3 & 0 & -1 \end{bmatrix} - \begin{bmatrix} 0 & 0 & 0 & 0 \end{bmatrix} = \begin{bmatrix} 5 & 6 & -1 & -1 \end{bmatrix}$$

$$Z = C_B \cdot X_B = \begin{bmatrix} 1 & 1 \end{bmatrix} \cdot \begin{bmatrix} 6 \\ 13 \end{bmatrix} = 19$$

	Z	L X_1	L X_2	L E_1	L E_2	A_1	A_2	
Z	1	5	6	-1	-1	0	0	19
A_1	0	4	3	-1	0	1	0	6
A_2	0	1	3	0	-1	0	1	13

L (lower) indica que el valor de dichas variables es su cota inferior.

Iteración 1 - Entra en la base X_2 ya que tiene el coste reducido positivo, y de todos los positivos, el mayor. Sale de la base:

$$\beta_1 = \left\{ \begin{array}{ll} \text{Min } \dfrac{X_{B_i} - L_{B_i}}{Y_{X_2}} & \text{si } Y_{X_2} > 0 \\ \infty & \text{si } Y_{X_2} \leq 0 \end{array} \right\} = \text{Min} \left\{ \dfrac{6-0}{3}, \dfrac{13-0}{3} \right\} = \dfrac{6}{3}$$

$$\beta_2 = \left\{ \begin{array}{ll} \text{Min } \dfrac{U_{B_i} - X_{B_i}}{-Y_{X_2}} & \text{si } Y_{X_2} < 0 \\ \infty & \text{si } Y_{X_2} \geq 0 \end{array} \right\} = \text{Min} \left\{ \infty, \infty \right\} = \infty$$

$$U_{X_2} - L_{X_2} = 6 - 0 = 6$$

$$\Delta X_2 = \text{Min} \left\{ \dfrac{6}{3}, \infty, 6 \right\} = \dfrac{6}{3} \quad \rightarrow \quad A_1$$

$$X_B^n = \begin{bmatrix} A_1 \\ A_2 \end{bmatrix} = X_B^a - Y_{X_2} \cdot \Delta X_2 = \begin{bmatrix} 6 \\ 13 \end{bmatrix} - \begin{bmatrix} 3 \\ 3 \end{bmatrix} \times \dfrac{6}{3} = \begin{bmatrix} 0 \\ 7 \end{bmatrix}$$

	Z	L X_1	L X_2	L E_1	L E_2	A_1	A_2	
Z	1	-3	0	1	-1	-2	0	7
X_2	0	1,33	1	-0,3	0	0,33	0	2
A_2	0	-3	0	1	-1	-1	1	7

L (lower) indica que el valor de dichas variables es su cota inferior.

Iteración 2 - Entra en la base E_1 ya que tiene el coste reducido positivo, y de todos los positivos, el mayor. Sale de la base:

$$\beta_1 = \begin{cases} \text{Min} \dfrac{X_{B_i} - L_{B_i}}{Y_{E_1}} & \text{si} \quad Y_{E_1} > 0 \\ \infty & \text{si} \quad Y_{E_1} \le 0 \end{cases} = \text{Min} \left\{ \infty , \dfrac{7-0}{1} \right\} = 7$$

$$\beta_2 = \begin{cases} \text{Min} \dfrac{U_{B_i} - X_{B_i}}{- Y_{E_1}} & \text{si} \quad Y_{E_1} < 0 \\ \infty & \text{si} \quad Y_{E_1} \ge 0 \end{cases} = \text{Min} \left\{ \dfrac{6-2}{0,3} , \infty \right\} = 12$$

$$U_{E_1} - L_{E_1} = \infty - 0 = \infty$$

$$\Delta E_1 = \text{Min} \left\{ 7 , 12 , \infty \right\} = 7 \quad \rightarrow \quad A_2$$

$$X_B^n = \begin{bmatrix} X_2 \\ A_2 \end{bmatrix} = X_B^a - Y_{E_1} \cdot \Delta E_1 = \begin{bmatrix} 2 \\ 7 \end{bmatrix} - \begin{bmatrix} -0,3 \\ 1 \end{bmatrix} \times 7 = \begin{bmatrix} 4,33 \\ 0 \end{bmatrix}$$

		L	L	L	L			
	Z	X_1	X_2	E_1	E_2	A_1	A_2	
Z	1	0	0	0	0	-1	-1	0
X_2	0	0,33	1	0	-0,3	0	0,3	4,33
E_1	0	-3	0	1	-1	-1	1	7

L (lower) indica que el valor de dichas variables es su cota inferior.

Fase 2:

$$\text{Max} \left\{ 8 X_1 + 6 X_2 - M A_1 - M A_2 \right\}$$

$$4 X_1 + 3 X_2 - 1 E_1 + 1 A_1 = 6$$

$$1 X_1 + 3 X_2 - 1 E_2 + 1 A_2 = 13$$

$$0 \le X_1 \le 1$$

$$0 \le X_2 \le 6$$

$$Z_j - C_j = \begin{bmatrix} 6 & 0 \end{bmatrix} \cdot \begin{bmatrix} 0,3 & -0,3 & 0 & 0,3 \\ -3 & -1 & -1 & 1 \end{bmatrix} - \begin{bmatrix} 8 & 0 & -M & -M \end{bmatrix} = \begin{bmatrix} -6 & -2 & M & 2+M \end{bmatrix}$$

$$Z = C_B \cdot X_B = \begin{bmatrix} 6 & 0 \end{bmatrix} \cdot \begin{bmatrix} 4,33 \\ 7 \end{bmatrix} = 26$$

		L	L	L	L			
	Z	X_1	X_2	E_1	E_2	A_1	A_2	
Z	1	- 6	0	0	- 2	M	2 + M	26
X_2	0	0,33	1	0	- 0,3	0	0,3	4,33
E_1	0	- 3	0	1	- 1	- 1	1	7

L (lower) indica que el valor de dichas variables es su cota inferior.

Iteración 3 - Entra en la base X_1 ya que tiene el coste reducido negativo, y de todos los negativos, el mayor. Sale de la base:

$$\beta_1 = \left\{ \begin{array}{ll} \text{Min } \dfrac{X_{B_i} - L_{B_i}}{Y_{X_1}} & \text{si } Y_{X_1} > 0 \\ \infty & \text{si } Y_{X_1} \leq 0 \end{array} \right\} = \text{Min} \left\{ \dfrac{4,33 - 0}{0,33}, \infty \right\} = 13$$

$$\beta_2 = \left\{ \begin{array}{ll} \text{Min } \dfrac{U_{B_i} - X_{B_i}}{- Y_{X_1}} & \text{si } Y_{X_1} < 0 \\ \infty & \text{si } Y_{X_1} \geq 0 \end{array} \right\} = \text{Min} \left\{ \infty, \dfrac{\infty - 7}{3} \right\} = \dfrac{7}{3}$$

$$U_{X_1} - L_{X_1} = 1 - 0 = 1$$

$$\Delta X_1 = \text{Min} \left\{ 13, \dfrac{7}{3}, 1 \right\} = 1 \quad \rightarrow \quad X_1$$

$$X_B^n = \begin{bmatrix} X_2 \\ E_1 \end{bmatrix} = X_B^a - Y_{X_1} \cdot \Delta X_1 = \begin{bmatrix} 4,33 \\ 7 \end{bmatrix} - \begin{bmatrix} 0,33 \\ -3 \end{bmatrix} \times 1 = \begin{bmatrix} 4 \\ 10 \end{bmatrix}$$

		U	L	L	L			
	Z	X_1	X_2	E_1	E_2	A_1	A_2	
Z	1	- 6	0	0	- 2	M	2 + M	32
X_2	0	0,33	1	0	- 0,3	0	0,3	4
E_1	0	- 3	0	1	- 1	- 1	1	10

U (upper) → El valor de dicha variable es su cota superior.
L (lower) indica que el valor de dichas variables es su cota inferior.

Iteración 4 - Entra en la base E_2 ya que tiene el coste reducido negativo, y de todos los negativos a cota inferior, el mayor. Sale de la base:

$$\beta_1 = \left\{ \begin{array}{ll} \text{Min} \dfrac{X_{B_i} - L_{B_i}}{Y_{E_2}} & \text{si} \quad Y_{E_2} > 0 \\ \infty & \text{si} \quad Y_{E_2} \leq 0 \end{array} \right\} = \text{Min} \left\{ \infty, \infty \right\} = \infty$$

$$\beta_2 = \left\{ \begin{array}{ll} \text{Min} \dfrac{U_{B_i} - X_{B_i}}{- Y_{E_2}} & \text{si} \quad Y_{E_2} < 0 \\ \infty & \text{si} \quad Y_{E_2} \geq 0 \end{array} \right\} = \text{Min} \left\{ \dfrac{6-4}{0,3}, \dfrac{\infty - 10}{1} \right\} = 6$$

$$U_{E_2} - L_{E_2} = \infty - 0 = \infty$$

$$\Delta E_2 = \text{Min} \left\{ \infty, 6, \infty \right\} = 6 \quad \rightarrow \quad X_2$$

$$X_B^n = \begin{bmatrix} E_2 \\ E_1 \end{bmatrix} = X_B^a - Y_{E_2} \cdot \Delta E_2 = \begin{bmatrix} 4 \\ 10 \end{bmatrix} - \begin{bmatrix} -0,3 \\ -1 \end{bmatrix} \times 6 = \begin{bmatrix} 6 \\ 16 \end{bmatrix}$$

		U	U	L	L			
	Z	X_1	X_2	E_1	E_2	A_1	A_2	
Z	1	-8	-6	0	0	M	M	44
E_2	0	-1	-3	0	1	0	-1	6
E_1	0	-4	-3	1	0	-1	0	16

U (upper) → El valor de dicha variable es su cota superior.
L (lower) indica que el valor de dichas variables es su cota inferior.

La solución hallada es óptima dado que ninguna variable puede entrar en la base y mejorar la solución actual. Siendo la solución óptima:

$$X_1 = 1 \qquad X_2 = 6 \qquad Z = 44$$

Ejercicio 34

Explique como puede modificarse el método simplex revisado para llevar a cabo el método simplex dual en forma matricial. En particular, indique como se obtendría la información necesaria para:

1. Aplicar la regla de detención.

El método del simplex revisado se basa en la siguiente tabla en la que solo se muestra el valor de las variables básicas, el de la función objetivo, la inversa de la base, y las variables duales:

w	$C_B\,B^{-1}\,b$
B^{-1}	$B^{-1}\,b$

El método del simplex dual se utiliza cuando el valor de alguna variable básica es negativo y por lo tanto la solución, si bien es óptima, no es factible. El simplex dual trata de restaurar la factibilidad sin perder la optimalidad. Luego, para aplicar el método simplex dual en forma matricial a la tabla del simplex revisado, basta utilizar el método simplex dual en forma matricial a partir de una tabla del simplex revisado que sea óptima y no sea factible.

El algoritmo se detiene cuando el valor de todas las variables básicas es positivo, es decir, cuando se ha conseguido reconstruir la factibilidad sin perder la optimalidad, en caso contrario, mientras existan variables en la base cuyo valor sea negativo debe seguirse iterando para reconstruir la factibilidad.

Otra posibilidad de detención del algoritmo se presenta cuando ninguna variable puede entrar en la base con el fin de mejorar la situación actual, en cuyo caso la solución no es factible dada la existencia de variables en la base con valor negativo.

2. Identificar la variable básica que sale de la base, y la variable que entra.

Sale de la base la variable básica X_r cuyo valor es negativo, y de todas las variables básicas con valor negativo se elige para salir de la base la de valor negativo mayor.

A continuación debe calcular el coste reducido y los valores y_{ji} de cada variable no básica, o lo que es lo mismo, calcular la columna correspondiente de la tabla del simplex para cada una de las variables no básicas:

w	$C_B\,B^{-1}\,b$		$z_j - c_j$
			y_{ji}
			...
B^{-1}	$B^{-1}\,b$		y_{jr}
			...
			y_{jm}

Excepto para las variables que eran básicas al inicio del algoritmo, dado que sus costes reducidos y sus valores y_{ji} se muestran en la tabla del simplex revisado.

$$Z_j - C_j = C_B \cdot B^{-1} \cdot A_j - C_j = W \cdot A_j - C_j$$

$$Y_j = B^{-1} \cdot A_j$$

La variable no básica que entra en la base X_j se corresponde con el siguiente mínimo:

$$Min\left\{\frac{\left|Z_j - C_j\right|}{\left|Y_{jr}\right|}, Y_{jr} < 0\right\}$$

3. Obtener la nueva inversa de la base en cada iteración.

Para obtener la inversa de la base en cada iteración, en el lugar correspondiente de la tabla del simplex revisado, pivote sobre el elemento y_{jr} de manera que al final el valor de éste elemento sea 1 y todos los demás elementos de la columna 0.

Ejercicio 35

Resuelva el siguiente programa lineal:

$$\text{Max } \{2\,X_1 + 2\,X_2 + 6\,X_3\}$$

$$1\,X_1 + 1\,X_2 + 1\,X_3 \leq 20$$

$$-4\,X_1 + 3\,X_2 + 0\,X_3 \leq 6$$

$$0\,X_1 + 1\,X_2 + 3\,X_3 \leq 12$$

$$0 \leq X_1 \leq 5$$

$$0 \leq X_2 \leq 7$$

$$0 \leq X_3 \leq 6$$

Solución

En primer lugar incluya en el modelo las variables de holgura que corresponda:

$$1\,X_1 + 1\,X_2 + 1\,X_3 + 1\,S_1 = 20$$

$$-4\,X_1 + 3\,X_2 + 0\,X_3 + 1\,S_2 = 6$$

$$0\,X_1 + 1\,X_2 + 3\,X_3 + 1\,S_3 = 12$$

En la primera fila de la tabla debe colocar los costes reducidos de cada variable, así como el valor de la función objetivo:

$$Z_j - C_j = C_B \cdot B^{-1} \cdot N - C_N$$

$$Z_j - C_j = \begin{bmatrix} 0 & 0 & 0 \end{bmatrix} \cdot \begin{bmatrix} 1 & 1 & 1 & 1 & 0 & 0 \\ -4 & 3 & 0 & 0 & 1 & 0 \\ 0 & 1 & 3 & 0 & 0 & 1 \end{bmatrix} - \begin{bmatrix} 2 & 2 & 6 \end{bmatrix} = \begin{bmatrix} -2 & -2 & -6 \end{bmatrix}$$

$$Z = C_B \cdot X_B = \begin{bmatrix} 0 & 0 & 0 \end{bmatrix} \cdot \begin{bmatrix} 20 \\ 6 \\ 12 \end{bmatrix} = 0$$

	Z	L X$_1$	L X$_2$	L X$_3$	S$_1$	S$_2$	S$_3$	
Z	1	- 2	- 2	- 6	0	0	0	0
S$_1$	0	1	1	1	1	0	0	20
S$_2$	0	- 4	3	0	0	1	0	6
S$_3$	0	0	1	3	0	0	1	12

L (lower) indica que el valor de dichas variables es su cota inferior.

Iteración 1 - Entra en la base X$_3$ ya que tiene el coste reducido negativo, y de todos los negativos, el mayor. Sale de la base:

$$\beta_1 = \left\{ \begin{array}{ll} \text{Min } \dfrac{X_{B_i} - L_{B_i}}{Y_{X_3}} & \text{si } Y_{X_3} > 0 \\ \infty & \text{si } Y_{X_3} \leq 0 \end{array} \right\} = \text{Min} \left\{ \dfrac{20 - 0}{1}, \infty, \dfrac{12 - 0}{3} \right\} = 4$$

$$\beta_2 = \left\{ \begin{array}{ll} \text{Min } \dfrac{U_{B_i} - X_{B_i}}{- Y_{X_3}} & \text{si } Y_{X_3} < 0 \\ \infty & \text{si } Y_{X_3} \geq 0 \end{array} \right\} = \text{Min} \left\{ \infty, \infty, \infty \right\} = \infty$$

$$U_{X_3} - L_{X_3} = 6 - 0 = 6$$

$$\Delta X_3 = \text{Min} \left\{ 4, \infty, 6 \right\} = 4 \quad \rightarrow \quad S_3$$

$$X_B^n = \begin{bmatrix} S_1 \\ S_2 \\ S_3 \end{bmatrix} = X_B^a - Y_{X_3} \cdot \Delta X_3 = \begin{bmatrix} 20 \\ 6 \\ 12 \end{bmatrix} - \begin{bmatrix} 1 \\ 0 \\ 3 \end{bmatrix} \times 4 = \begin{bmatrix} 16 \\ 6 \\ 0 \end{bmatrix}$$

	Z	L X$_1$	L X$_2$	L X$_3$	S$_1$	S$_2$	S$_3$	
Z	1	- 2	0	0	0	0	2	24
S$_1$	0	1	0,66	0	1	0	- 0,3	16
S$_2$	0	- 4	3	0	0	1	0	6
X$_3$	0	0	0,33	1	0	0	0,33	4

L (lower) indica que el valor de dichas variables es su cota inferior.

Iteración 2 - Entra en la base X_1 ya que tiene el coste reducido negativo, y de todos los negativos, el mayor. Sale de la base:

$$\beta_1 = \left\{ \begin{array}{ll} Min \dfrac{X_{B_i} - L_{B_i}}{Y_{X_1}} & si \quad Y_{X_1} > 0 \\ \infty & si \quad Y_{X_1} \leq 0 \end{array} \right\} = Min \left\{ \dfrac{16 - 0}{1}, \infty, \infty \right\} = 16$$

$$\beta_2 = \left\{ \begin{array}{ll} Min \dfrac{U_{B_i} - X_{B_i}}{- Y_{X_1}} & si \quad Y_{X_1} < 0 \\ \infty & si \quad Y_{X_1} \geq 0 \end{array} \right\} = Min \left\{ \infty, \dfrac{\infty - 6}{4}, \infty \right\} = \infty$$

$$U_{X_1} - L_{X_1} = 5 - 0 = 5$$

$$\Delta X_1 = Min \left\{ 16, \infty, 5 \right\} = 5 \quad \rightarrow \quad X_1$$

$$X_B^n = \begin{bmatrix} S_1 \\ S_2 \\ X_3 \end{bmatrix} = X_B^a - Y_{X_1} \cdot \Delta X_1 = \begin{bmatrix} 16 \\ 6 \\ 4 \end{bmatrix} - \begin{bmatrix} 1 \\ -4 \\ 0 \end{bmatrix} \times 5 = \begin{bmatrix} 11 \\ 26 \\ 4 \end{bmatrix}$$

		U	L	L				
	Z	X_1	X_2	X_3	S_1	S_2	S_3	
Z	1	- 2	0	0	0	0	2	34
S_1	0	1	0,66	0	1	0	- 0,3	11
S_2	0	- 4	3	0	0	1	0	26
X_3	0	0	0,33	1	0	0	0,33	4

U (upper) → El valor de dicha variable es su cota superior.

L (lower) indica que el valor de dichas variables es su cota inferior.

La solución hallada es óptima dado que ninguna variable puede entrar en la base y mejorar la solución actual. Siendo la solución óptima:

$$X_1 = 5 \qquad X_2 = 0 \qquad X_3 = 4 \qquad Z = 34$$

Ejercicio 36

Mediante el método simplex con cotas inferiores y superiores resuelva el siguiente programa lineal:

$$\text{Min} \left\{ 3\,X_1 - 4\,X_2 \right\}$$

$$3 \leq 1\,X_1 + 1\,X_2 \leq 5$$

$$2 \leq 2\,X_1 - 5\,X_2 \leq 8$$

$$X_1 \geq 0 \qquad X_2 \geq 0$$

Solución

En primer lugar incluya en el modelo las variables de holgura que corresponda:

$$1\,X_1 + 1\,X_2 + 1\,S_1 = 5$$

$$2\,X_1 - 5\,X_2 + 1\,S_2 = 8$$

Y dado que:

$$-3 \geq -1\,X_1 - 1\,X_2 \geq -5$$

$$-2 \geq -2\,X_1 + 5\,X_2 \geq -8$$

Las cotas resultantes:

$$\left\{ \begin{array}{c} 5 - 3 \geq S_1 \geq 5 - 5 \\[2mm] 8 - 2 \geq -2\,X_1 + 5\,X_2 \geq 8 - 8 \end{array} \right\} \Rightarrow \left\{ \begin{array}{c} 2 \geq S_1 \geq 0 \\[2mm] 6 \geq S_2 \geq 0 \end{array} \right\}$$

En la primera fila de la tabla debe colocar los costes reducidos de cada variable, así como el valor de la función objetivo:

$$Z_j - C_j = C_B \cdot B^{-1} \cdot N - C_N$$

$$Z_j - C_j = \begin{bmatrix} 0 & 0 \end{bmatrix} \cdot \begin{bmatrix} 1 & 1 & 1 & 0 \\ 2 & -5 & 0 & 1 \end{bmatrix} - \begin{bmatrix} 3 & -4 \end{bmatrix} = \begin{bmatrix} -3 & 4 \end{bmatrix}$$

$$Z = C_B \cdot X_B = \begin{bmatrix} 0 & 0 \end{bmatrix} \cdot \begin{bmatrix} 5 \\ 8 \end{bmatrix} = 0$$

	Z	X_1	X_2	S_1	S_2	
Z	1	- 3	4	0	0	0
S_1	0	1	1	1	0	5
S_2	0	2	- 5	0	1	8

Esta solución no es factible dado que el valor de la variable S_2 es superior a su cota superior que es de 6, lo que obliga a incorporar variables artificiales al modelo con la finalidad de tener una base factible inicial.

Resuelva seguidamente la fase I del método simplex:

$$Min \{1\, A_1 + 1\, A_2\}$$

$$1\, X_1 + 1\, X_2 + 1\, S_1 + 1\, A_1 = 5$$

$$2\, X_1 - 5\, X_2 + 1\, S_2 + 1\, A_2 = 8$$

$$0 \le S_1 \le 2$$

$$0 \le S_2 \le 6$$

En la primera fila de la tabla debe colocar los costes reducidos de cada variable, así como el valor de la función objetivo:

$$Z_j - C_j = C_B \cdot B^{-1} \cdot N - C_N$$

$$Z_j - C_j = \begin{bmatrix} 1 & 1 \end{bmatrix} \cdot \begin{bmatrix} 1 & 1 & 1 & 0 \\ 2 & -5 & 0 & 1 \end{bmatrix} - \begin{bmatrix} 0 & 0 & 0 & 0 \end{bmatrix} = \begin{bmatrix} 3 & -4 & 1 & 1 \end{bmatrix}$$

$$Z = C_B \cdot X_B = \begin{bmatrix} 1 & 1 \end{bmatrix} \cdot \begin{bmatrix} 5 \\ 8 \end{bmatrix} = 13$$

				L	L			
	Z	X_1	X_2	S_1	S_2	A_1	A_2	
Z	1	3	- 4	1	1	0	0	13
A_1	0	1	1	1	0	1	0	5
A_2	0	2	- 5	0	1	0	1	8

L (lower) indica que el valor de dichas variables es su cota inferior.

Iteración 1 - Entra en la base X_1 ya que tiene el coste reducido positivo, y de todos los positivos, el mayor. Sale de la base:

$$\beta_1 = \left\{ \begin{array}{ll} \text{Min} \dfrac{X_{B_i} - L_{B_i}}{Y_{X_1}} & \text{si} \quad Y_{X_1} > 0 \\ \infty & \text{si} \quad Y_{X_1} \leq 0 \end{array} \right\} = \text{Min} \left\{ \dfrac{5-0}{1}, \dfrac{8-0}{2} \right\} = 4$$

$$\beta_2 = \left\{ \begin{array}{ll} \text{Min} \dfrac{U_{B_i} - X_{B_i}}{- Y_{X_1}} & \text{si} \quad Y_{X_1} < 0 \\ \infty & \text{si} \quad Y_{X_1} \geq 0 \end{array} \right\} = \text{Min} \left\{ \infty, \infty \right\} = \infty$$

$$U_{X_1} - L_{X_1} = \infty - 0 = \infty$$

$$\Delta X_1 = \text{Min} \left\{ 4, \infty, \infty \right\} = 4 \quad \rightarrow \quad A_2$$

$$X_B^n = \begin{bmatrix} A_1 \\ A_2 \end{bmatrix} = X_B^a - Y_{X_1} \cdot \Delta X_1 = \begin{bmatrix} 5 \\ 8 \end{bmatrix} - \begin{bmatrix} 1 \\ 2 \end{bmatrix} \times 4 = \begin{bmatrix} 1 \\ 0 \end{bmatrix}$$

	Z	X_1	X_2	S_1	L S_2	A_1	L A_2	
Z	1	0	3,5	1	- 0,5	0	- 1,5	1
A_1	0	0	3,5	1	- 0,5	1	- 0,5	1
X_1	0	1	- 2,5	0	0,5	0	0,5	4

L (lower) indica que el valor de dichas variables es su cota inferior.

Iteración 2 - Entra en la base X_2 ya que tiene el coste reducido positivo, y de todos los positivos, el mayor. Sale de la base:

$$\beta_1 = \left\{ \begin{array}{ll} \text{Min} \dfrac{X_{B_i} - L_{B_i}}{Y_{X_2}} & \text{si} \quad Y_{X_2} > 0 \\ \infty & \text{si} \quad Y_{X_2} \leq 0 \end{array} \right\} = \text{Min} \left\{ \dfrac{1-0}{3,5}, \infty \right\} = \dfrac{1}{3,5}$$

$$\beta_2 = \left\{ \begin{array}{ll} \text{Min} \dfrac{U_{B_i} - X_{B_i}}{- Y_{X_2}} & \text{si} \quad Y_{X_2} < 0 \\ \infty & \text{si} \quad Y_{X_2} \geq 0 \end{array} \right\} = \text{Min} \left\{ \infty, \dfrac{\infty - 4}{2,5} \right\} = \infty$$

$$U_{X_2} - L_{X_2} = \infty - 0 = \infty$$

$$\Delta X_2 = \text{Min} \left\{ \dfrac{1}{3,5}, \infty, \infty \right\} = \dfrac{1}{3,5} \quad \rightarrow \quad A_1$$

$$X_B^n = \begin{bmatrix} A_1 \\ X_1 \end{bmatrix} = X_B^a - Y_{X_2} \cdot \Delta X_2 = \begin{bmatrix} 1 \\ 4 \end{bmatrix} - \begin{bmatrix} 3,5 \\ -2,5 \end{bmatrix} \times \frac{1}{3,5} = \begin{bmatrix} 0 \\ 4,71 \end{bmatrix}$$

	Z	X_1	X_2	L S_1	L S_2	A_1	A_2	
Z	1	0	0	0	0	- 1	- 1	0
X_2	0	0	1	0,29	- 0,14	0,29	- 0,14	0,29
X_1	0	1	0	0,71	0,14	0,71	0,14	4,71

L (lower) indica que el valor de dichas variables es su cota inferior.

Fase 2:

$$\text{Min} \left\{ 3\,X_1 - 4\,X_2 + M\,A_1 + M\,A_2 \right\}$$

$$1\,X_1 + 1\,X_2 + 1\,S_1 + 1\,A_1 = 5$$

$$2\,X_1 - 5\,X_2 + 1\,S_2 + 1\,A_2 = 8$$

$$0 \leq S_1 \leq 2$$

$$0 \leq S_2 \leq 6$$

$$Z_j - C_j = \begin{bmatrix} -4 & 3 \end{bmatrix} \cdot \begin{bmatrix} 0,29 & -0,14 & 0,29 & -0,14 \\ 0,71 & 0,14 & 0,71 & 0,14 \end{bmatrix} - \begin{bmatrix} 0 & 0 & M & M \end{bmatrix} = \begin{bmatrix} 1 & 1 & 1-M & 1-M \end{bmatrix}$$

$$Z = C_B \cdot X_B = \begin{bmatrix} -4 & 3 \end{bmatrix} \cdot \begin{bmatrix} 0,29 \\ 4,71 \end{bmatrix} = 13$$

	Z	X_1	X_2	L S_1	L S_2	A_1	A_2	
Z	1	0	0	1	1	1 - M	1 - M	13
X_2	0	0	1	0,29	- 0,14	0,29	- 0,14	0,29
X_1	0	1	0	0,71	0,14	0,71	0,14	4,71

L (lower) indica que el valor de dichas variables es su cota inferior.

Iteración 3 - Entra en la base S_1 ya que tiene el coste reducido positivo, y de todos los positivos, el mayor. Sale de la base:

$$\beta_1 = \left\{ \begin{array}{ll} \text{Min} \dfrac{X_{B_i} - L_{B_i}}{Y_{S_1}} & \text{si} \quad Y_{S_1} > 0 \\[2mm] \infty & \text{si} \quad Y_{S_1} \leq 0 \end{array} \right\} = \text{Min} \left\{ \dfrac{0,29 - 0}{0,29}, \dfrac{4,71 - 0}{0,71} \right\} = \dfrac{0,29}{0,29}$$

$$\beta_2 = \left\{ \begin{array}{ll} \text{Min} \dfrac{U_{B_i} - X_{B_i}}{- Y_{S_1}} & \text{si} \quad Y_{S_1} < 0 \\[2mm] \infty & \text{si} \quad Y_{S_1} \geq 0 \end{array} \right\} = \text{Min} \left\{ \infty, \infty \right\} = \infty$$

$$U_{S_1} - L_{S_1} = 2 - 0 = 2$$

$$\Delta S_1 = \text{Min} \left\{ 1, \infty, 2 \right\} = 1 \quad \rightarrow \quad X_2$$

$$X_B^n = \begin{bmatrix} X_2 \\ X_1 \end{bmatrix} = X_B^a - Y_{S_1} \cdot \Delta S_1 = \begin{bmatrix} 0,29 \\ 4,71 \end{bmatrix} - \begin{bmatrix} 0,29 \\ 0,71 \end{bmatrix} \times 1 = \begin{bmatrix} 0 \\ 4 \end{bmatrix}$$

	Z	X_1	X_2	S_1	L S_2	A_1	L A_2	
Z	1	0	- 3,5	0	1,5	- M	1,5 - M	12
S_1	0	0	3,5	1	- 0,5	1	- 0,5	1
X_1	0	1	- 2,5	0	0,5	0	0,5	4

L (lower) indica que el valor de dichas variables es su cota inferior.

Iteración 4 - Entra en la base S_2 ya que tiene el coste reducido positivo, y de todos los positivos, el mayor. Sale de la base:

$$\beta_1 = \left\{ \begin{array}{ll} \text{Min} \dfrac{X_{B_i} - L_{B_i}}{Y_{S_2}} & \text{si} \quad Y_{S_2} > 0 \\[2mm] \infty & \text{si} \quad Y_{S_2} \leq 0 \end{array} \right\} = \text{Min} \left\{ \infty, \dfrac{4 - 0}{0,5} \right\} = 8$$

$$\beta_2 = \left\{ \begin{array}{ll} \text{Min} \dfrac{U_{B_i} - X_{B_i}}{- Y_{S_2}} & \text{si} \quad Y_{S_2} < 0 \\[2mm] \infty & \text{si} \quad Y_{S_2} \geq 0 \end{array} \right\} = \text{Min} \left\{ \dfrac{2 - 1}{0,5}, \infty \right\} = 2$$

$$U_{S_2} - L_{S_2} = 6 - 0 = 6$$

$$\Delta S_2 = \text{Min} \left\{ 8, 2, 6 \right\} = 2 \quad \rightarrow \quad S_1$$

$$X_B^n = \begin{bmatrix} S_1 \\ X_1 \end{bmatrix} = X_B^a - Y_{S_2} \cdot \Delta S_2 = \begin{bmatrix} 1 \\ 4 \end{bmatrix} - \begin{bmatrix} -0,5 \\ 0,5 \end{bmatrix} \times 2 = \begin{bmatrix} 2 \\ 3 \end{bmatrix}$$

	Z	X_1	X_2	S_1	S_2	A_1	A_2	
				U	L			
Z	1	0	7	3	0	3 - M	- M	9
S_2	0	0	- 7	- 2	1	- 2	1	2
X_1	0	1	1	1	0	1	0	3

U (upper) → El valor de dicha variable es su cota superior.

L (lower) indica que el valor de dichas variables es su cota inferior.

Iteración 5 - Entra en la base X_2 ya que tiene el coste reducido positivo, y de todos los positivos, el mayor. Sale de la base:

$$\beta_1 = \left\{ \begin{array}{ll} \text{Min } \dfrac{X_{B_i} - L_{B_i}}{Y_{X_2}} & \text{si } Y_{X_2} > 0 \\ \infty & \text{si } Y_{X_2} \leq 0 \end{array} \right\} = \text{Min} \left\{ \infty, \dfrac{3-0}{1} \right\} = 3$$

$$\beta_2 = \left\{ \begin{array}{ll} \text{Min } \dfrac{U_{B_i} - X_{B_i}}{-Y_{X_2}} & \text{si } Y_{X_2} < 0 \\ \infty & \text{si } Y_{X_2} \geq 0 \end{array} \right\} = \text{Min} \left\{ \dfrac{6-2}{7}, \infty \right\} = \dfrac{4}{7}$$

$$U_{X_2} - L_{X_2} = \infty - 0 = \infty$$

$$\Delta X_2 = \text{Min} \left\{ 3, \dfrac{4}{7}, \infty \right\} = \dfrac{4}{7} \quad \rightarrow \quad S_2$$

$$X_B^n = \begin{bmatrix} S_2 \\ X_1 \end{bmatrix} = X_B^a - Y_{X_2} \cdot \Delta X_2 = \begin{bmatrix} 2 \\ 3 \end{bmatrix} - \begin{bmatrix} -7 \\ 1 \end{bmatrix} \times \dfrac{4}{7} = \begin{bmatrix} 6 \\ 2,43 \end{bmatrix}$$

	Z	X1	X2	S1	S2	A1	A2	
				U	U			
Z	1	0	0	1	1	1 - M	1 - M	5
X_2	0	0	1	0,29	- 0,14	0,29	- 0,14	0,57
X_1	0	1	0	0,71	0,14	0,71	0,14	2,43

U (upper) → El valor de dicha variable es su cota superior.

La solución hallada es óptima dado que ninguna variable puede entrar en la base y mejorar la solución actual. Siendo la solución óptima:

$$X_1 = 2,43 \qquad X_2 = 0,57 \qquad Z = 5$$

Federico Garriga Garzón

Federico Garriga Garzón es Doctor Ingeniero Industrial e Ingeniero Industrial especializado en Organización por la Universidad Politécnica de Cataluña (UPC). En la actualidad es profesor del Departamento de Organización de Empresas de la Escuela Técnica Superior de Ingenierías Industrial y Aeronáutica de Terrassa de la UPC.

www.ingramcontent.com/pod-product-compliance
Lightning Source LLC
Chambersburg PA
CBHW051411200326
41520CB00023B/7198